Papier fresserchen

Papierfresserchens MTM-Verlag

Bibliografische Information der Deutschen Nationalbibliothek:
Die Deutsche Nationalbibliothek verzeichnet diese Publikation in der Deutschen Nationalbibliografie; detaillierte bibliografische Daten sind im Internet über http://dnb.d-nb.de abrufbar.

Lektorat: Hedda Esselborn
Satz: Sandy Penner
Titelbild und Illustrationen: Stefanie Meister

1. Auflage 2011
ISBN: 978-3-86196-097-3

Heimholzer Straße 2, 88138 Sigmarszell, Deutschland

www.papierfresserchen.de
info@papierfresserchen.de

Inge Peter

Puck sucht ihren Namen

Unterstützt von den Pfadfindern und Pfadfinderinnen Österreichs

Inhaltsverzeichnis

Amona versteckt ihren Namen

Was Tillen und Erdbilben übereinander denken

Sana blinzelt schläfrig auf den glitzernden Teich. Sonnenstrahlen tanzen auf ihrem Gefieder und das Schilf bewegt sich leise im Wind. Es ist Frühling und Sana ist glücklich.

„Wie schön der Teich ist mit seinem dichten Schilf, den leuchtenden Seerosen und den fröhlichen Nachbarn“, denkt sie ... und schläft ein.

Sana ist eine Stockente, der Teich ist ihr Zuhause.

Nicht weit von Sana entfernt liegt Amona auf einem Seerosenblatt, den Kopf auf ihre Hände gestützt. Aufgeregt beobachtet sie Sana, die auf ihren Eiern liegt. Es ist Brutzeit.

Amona wartet nicht etwa auf das Schlüpfen der jungen Enten! Küken hat sie schon genug gesehen. Oh nein! Amona hat der Entenmutter einen lustigen Streich gespielt. Jedenfalls hält ihn Amona für lustig.

Amona kichert.

„Das wird ein Spaß“, murmelt sie, „wenn Frau Ente versucht, ihr Gelege zu verlassen und auf den Eiern kleben bleibt!“ Schon beim Gedanken daran könnte sie sich vor Lachen ausschütten. Das wilde Flügelschlagen, das aufgeregte Geschnatter – wie im Theater!

Amonas dunkle Augen blitzen vor Vergnügen.

„Das war eine gute Idee, die Eier mit Honig zu beschmieren, und einfach war es auch nicht!“ Amona ist mit sich sehr zufrieden.

Erst hat sie Apa überreden müssen, ihr zu helfen. Apa ist eine Honigbiene. Sie hat für Späße nicht viel übrig. So war Amonas Überredungskunst gefragt, und davon hat sie eine ganze Menge. Dann musste sie warten, bis Sana ihr Gelege verlassen würde. Wie nervig! Endlich flog die Ente für kurze Zeit davon, endlich konnten die Eier mit Honig beschmiert werden! Eine Geduldsprobe war das.

Amona ist ziemlich stolz auf sich. Sie kommt gar nicht auf die Idee, dass Sana ihren Streich überhaupt nicht lustig finden könnte. Sie hat auch nicht überlegt, ob der Honig dem Gelege am Ende schaden würde. Amona ist ein Tillenwichtel. Und Tillenwichtel sind bekannt für ihre Streiche. In ganz Waldenland! Bei allen Völkern!

„Unsere Streiche sind harmlos. Wer sich darüber ärgert, anstatt zu lachen, ist selbst schuld und außerdem humorlos!" Das sagen natürlich nur die Tillenwichtel. Meistens stimmt es sogar. Meistens, nicht immer.

Die anderen Wichtelvölker sagen, das Tillenvolk hätte nur Unsinn im Kopf. Es stimmt, dass Tillenwichtel einander gerne Streiche spielen. Es stimmt auch, dass sie darüber lachen können. Dass die Tillenwichtel fröhlich sind und gerne lachen und mehr Feste feiern als alle andere Wichtelvölker zusammen, stimmt auch.

Dass Tillen nur Unsinn im Kopf haben, stimmt ganz und gar nicht.

Erstens müssen Tillenwichtel große Mengen von Beeren ernten und verarbeiten. Nicht nur für sich selbst. Sie tun das für alle Völker Waldenlands, das sind immerhin fünf.

Zweitens müssen Tillenkinder wie alle Kinder Waldenlands viel lernen. Das tun sie zu Hause und in der Schule.

Drittens sind Tillenwichtel sehr hilfsbereit. Besonders gut können sie Trost spenden und aus traurigen Wichteln und Tieren wieder fröhliche machen! Tiere und Wichtel aus allen Völkern wissen das. Sie lassen sich gern von Tillen trösten. Und oft.

Wenn aber wieder einmal ein dummer Streich bekannt

wird, ausgeheckt von einem Tillenwichtel, ist das alles vergessen.

„Ja, ja, das Tillenvolk, nichts als Unsinn im Kopf. Die Tillen sollten lieber lernen und arbeiten wie andere anständige Wichtel!“, sagen die anderen Völker und schütteln missbilligend ihre Köpfe.

Am ärgsten regen sich die Erdbilbenwichtel auf.

Erstens sind das die einzigen Wichtel, die nicht in Blumen leben, sondern in Wurzelhöhlen.

Zweitens wollen sie, dass diese Wohnungen auch schön und gemütlich sind. Dafür müssen sie auch etwas tun, ziemlich viel sogar.

Drittens – und das ist wohl das Wichtigste – sind sie die einzigen Bewohner Waldenlands, die im Winter zu Hause bleiben. Alle anderen Völker verbringen die kalten Monate gemeinsam in großen, warmen Höhlen. Die Erdbilben wohnen gerne in ihren schönen Wohnungen. Manchmal aber sehnen sie sich danach, mit anderen Wichteln zusammen zu sein. Das behalten sie jedoch für sich. Sie tun so, als würden nur sie richtig wohnen und richtig leben. „Blumenwohnungen? Wie primitiv!“, sagen sie. „Wir haben höhere Ansprüche!“

Dabei sind Erdbilbenwichtel fröhlich und hilfsbereit, wie andere Wichtel auch. Das wissen aber die anderen Wichtel nicht. Schließlich treffen sie einander kaum. Wenn sie es aber trotzdem wissen sollten, haben sie es schnell wieder vergessen.

„Ja, ja, die Erdbilben!“, sagen dann die anderen Völker. „Ein eingebildetes Volk! Kein bisschen hilfsbereit und freundlich wie anständige Wichtel.“

Am ärgsten regen sich die Tillenwichtel auf.

Waldenland ist die Heimat von sechs Wichtelvölkern

Waldenland ist ein großes Land. Zumindest finden das die Wichtel.

Im Norden liegt das Meer. Im Meerwasser baden können sie aber nicht. Es gibt keinen Weg hinunter von den steilen Klippen, nirgends. Kein Wunder, dass die Wichtel keine Lust haben, auf die Klippen zu gehen. Sie bleiben lieber auf den Wiesen oder in den Wäldern und baden in ihren Teichen.

Einige aber wagen den weiten Weg. „Das Meer ist ganz grün", erzählen sie dann. „Und die Wellen sind riesig! Das kann sich niemand vorstellen, niemand! Sie schlagen an die Klippen und brüllen und haben einen ganz weißen Schaum! Nie möchte ich da hinuntergehen, niemals! Es ist schon schrecklich, nur oben zu stehen. Schrecklich, wirklich schrecklich!"

Diejenigen, die das hören, schaudern. „Wer weiß, ob diese brüllenden Wellen mit dem weißen Schaum nicht gefährlich sind für uns Wichtel", flüstern sie einander zu.

Die Vögel aber, die auf den Klippen wohnen, werden von den Wichteln bestaunt und bewundert. Von manchen auch ein wenig beneidet.

Im Norden Waldenlands liegt also das Meer.

Im Osten erstreckt sich ein langer Gebirgszug, das Tanngebirge. Sein höchster Gipfel sieht aus wie eine Kappe. Darum heißt er auch Kappengipfel.

Gegen Westen dehnen sich riesige, dichte Wälder. Kein Wichtel weiß, wie groß sie wirklich sind. Sie wissen nur, dass es jenseits dieser Wälder Menschensiedlungen gibt.

Hirundo, die weit gereiste Rauchschwalbe, hat oft darüber berichtet.

Von Titona erfahren die Wichtel immer wieder Neues und Erstaunliches über die Menschen und ihre großen, steinernen Städte. Titona ist eine uralte Eule. Weil sie so alt ist und schon so viel erlebt hat, ist sie sehr weise und verständnisvoll. Alle Wichtel lieben sie.

Im Süden schließlich liegt Moorland. Dort gibt es Sträucher, hohes Gras und bunte Blumen. Am Tag ist es wunderschön. Aber in der Nacht! Da kreischt es und quietscht es. Unter der Erde rumort es. Über der Erde erscheinen gar geheimnisvolle Lichter, die durch die Gegend flitzen.

Dazwischen gibt es Wiesen mit bunten Blumen, kleine Wälder mit riesigen Farnen und viele Teiche. Und Tiere, viele verschiedene Tiere, große und kleine. Die Wichtel sind mit ihnen befreundet, jedenfalls mit den meisten.

Dann gibt es noch die große Huflattichwiese. Sie liegt genau in der Mitte Waldenlands. Auf dieser Wiese treffen sich einmal im Monat alle Wichtel aus allen Völkern.

Amona erschrickt dreimal

Wie aber geht es Amona? Wartet sie immer noch darauf, dass Sana auf ihren Eiern kleben bleibt? Auf das Honigklebeentenschauspiel, wie Amona kichernd sagt? Tatsächlich, Amona liegt immer noch auf dem Seerosenblatt und wartet, sehr ungeduldig und sehr zappelig!

Endlich! Sana breitet ihre Flügel aus, versucht, sich zu erheben. Amona springt vor Aufregung auf – und *platsch*! Amona fällt ins Wasser.

Erschrocken schlägt sie mit Händen und Füßen um sich. Sie will sich irgendwo festhalten, doch da ist nichts! Keine Wasserpflanze, an die sie sich klammern könnte, kein Tier, das sie an die Oberfläche tragen würde, nur Wasser und Schlamm!

„Hätte ich doch schwimmen gelernt! Das Entenspektakel sehe ich nun auch nicht, dabei habe ich mich so darauf gefreut!“, flüstert sie und schließt die Augen. Amona sinkt immer tiefer in den Schlamm.

Doch da naht schon Rettung! Von allen Seiten kommen Seebilbenwichtel, fangen Amona auf und schwimmen mit ihr an die Oberfläche. Behutsam legen sie sie auf ein großes Seerosenblatt. Sofort beginnt Amona, fürchterlich zu husten. Sie spuckt jede Menge Wasser aus und öffnet ihre Augen.

„Ihr ist nichts passiert!“, jubeln die Seebilbenwichtel.

Amona richtet sich auf. Sie blickt benommen um sich. „Habt ihr mich aus dem Wasser geholt?“ Ihre Stimme ist noch ganz rau vom vielen Wasserspucken.

„Gerade noch zur rechten Zeit!“

„Das ist ja noch einmal gut gegangen!“

„Du hast mehr Glück als Verstand!“

„Was hast du dir denn dabei gedacht?“

„Nichts wahrscheinlich!“

„Typisch Tillenwichtel!“

Amona springt erschrocken auf. Benommen ist sie ganz und gar nicht mehr, dafür verwirrt, sehr verwirrt. „Glauben die am Ende, ich bin ins Wasser gesprungen, obwohl ich nicht schwimmen kann?“, denkt sie erstaunt.

„Ich bin ins Wasser gefallen, nicht gesprungen!“, ruft sie empört. „Dafür kann ich doch nichts!“ Amona ist jetzt sehr gekränkt. „Trotzdem, danke!“, sagt sie.

Immerhin wurde sie ja wirklich von den Seebilben gerettet. Dafür ist Amona auch dankbar. Warum aber schauen alle so finster?

„Hallo, Amona.“ Die freundliche Stimme gehört zu Alba, der Königin der Seebilben.

„Oh, Königin Alba, hallo. Nochmals danke für die Rettung aus dem Wasser. Vielleicht lerne ich doch noch schwimmen. Dann muss mich wenigstens niemand mehr herausziehen, wenn ich wieder einmal ins Wasser falle.“ Amona ist noch immer gekränkt.

„Eine gute Idee.“ Alba schaut Amona ernst ins Gesicht. „Das ist aber nicht der Punkt. Dass du ins Wasser gefallen und nicht gesprungen bist, wissen wir. Wir wissen aber auch, welch gefährlichen Streich du Sana spielen wolltest!“

„Gefährlich?“, stottert Amona. „Und was meinst du mit wolltest? Ich habe ihn ja wirklich gespielt.“

„Ja, hast du! Genau gesagt, hättest du, wäre Apa nicht zu uns gekommen. Die Honigbiene hatte plötzlich Angst um die Küken, die noch in den Eiern sind. Sie hat mich um Rat gefragt. Dass der Honig sofort von den Eiern entfernt werden musste, und zwar wirklich sofort, das war klar. Das haben wir dann auch getan. Die armen Küken wären ja sonst erstickt! Außerdem, wie hätte sich Sana Futter beschaffen können?“

Amona ist ganz blass geworden. „Daran habe ich gar nicht gedacht“, flüstert sie erschrocken.

„Natürlich nicht! Sonst hättest du es ja nicht getan“, antwortet Alba. „Darum geht es aber. Nichts sagen oder tun, dessen du dich schämen müsstest! Du kennst doch das Wichtelgesetz. Jetzt stehst du da und schämst dich.“

Amona sieht zu Boden. Die Königin braucht überhaupt nicht zu sehen, dass Amona weint.

„Tillenwichtel lieben Streiche und ich bin ein Tillenwichtel!“ Das allerdings sagt sie nicht laut, sie denkt es. Damit geht es ihr gleich besser. Nicht auszudenken, wenn Küken oder Sana ernstlich Schaden genommen hätten! „Ich bin ein Tillenwichtel, basta“, murmelt sie zerknirscht.

Alba nimmt Amona in die Arme. „Hör zu“, sagt sie eindringlich. „Morgen ist Wichtelnacht. Du weißt, dass wir da zusammenkommen, um über wichtige Dinge zu reden. Du bist ein Wichtel mit ganz besonderen Fähigkeiten. Du hast so viel Fantasie und so tolle Einfälle. Viele beneiden dich darum. Mit dem Wichtelgesetz hast du aber ein Problem. Das muss gelöst werden, bevor du erwachsen bist. Das dauert gar nicht mehr so lange, wie du weißt, und die Zeit vergeht schnell. Wenn du ernsthaft darüber nachdenkst, fällt dir bestimmt ein, wer dir dabei helfen könnte. Und wie. Wenn dir nichts einfällt, wende dich an den Rat der Weisen. Der weiß sicher, was zu tun ist. Was hältst du davon?“

„Darf ich dann auf dem großen Huflattichblatt stehen, damit mich alle sehen und hören können, wenn ich die Wichtel um Hilfe bitte?“

Es gibt sicher Wichtel, die Amona einen Tipp geben können. Sie weiß nicht genau, ob sie sich darauf freuen oder sich davor fürchten soll. Was soll’s, sicher ist sicher. Vielleicht fällt ihr ja selbst etwas ein. Schließlich hat sie viel Fantasie und tolle Einfälle. Das sagt sogar Alba. Und die ist eine Königin.

Alba nickt. „Ja, sicher. Wie alle Wichtel, die Hilfe brauchen und alle Wichtel, die geehrt werden.“

„Okay, die Idee ist gut. Mir fällt schon was ein, bestimmt.“ Amona ist erstaunt, wie froh und erleichtert sie plötzlich ist. Dass das mit der Aussicht darauf, etwas Neues zu lernen zu tun hat, hätte sie glatt abgestritten. Und dass sie den Sinn des Wichtelgesetzes endlich verstehen will, auch.

Amona beginnt sofort, nachzudenken. Wie muss diese Hilfe aussehen, damit sie auch wirkt? Sie muss aufregend sein und ja nicht langweilig. Dass Lernen Spaß macht, erlebt Amona jeden Tag. Also muss das Lernen des Wichtelgesetzes auch Spaß machen. Wieso nicht? Lernen ist Lernen. Schon hat sie eine Idee, die Wichtelgesetzamonasuchidee. Amona liebt lange Wörter. Besonders solche, die sie selbst erfindet. Und dieses Wort ist das längste, das sie jemals erfunden hat. Jedenfalls bis jetzt.

Auf die Wichtelnacht freut sich ganz Waldenland

Amona denkt an die Wichtelnacht. Monat für Monat, wenn der Mond am hellsten leuchtet und Waldenland in silbriges Licht taucht, treffen sich alle Wichtelvölker auf der großen Huflattichwiese.

Nicht nur die Wichtelvölker, auch alle Tiere sind eingeladen, die gerne kommen möchten. In dieser Nacht darf kein Tier einem anderen etwas zuleide tun. Eine Mücke kann sich mit einem Frosch unterhalten, in der Wichtelnacht wird er nicht nach ihr schnappen. Eine Maus kann mit einer Eule plaudern, ohne von ihr verspeist zu werden. Das ist ganz schön schwierig für Tiere, die sich von anderen Tieren ernähren. Die Pflanzenfresser haben es da leichter.

Schon Tage vorher herrscht unter den Wichteln große Aufregung. „Du kommst doch?“, fragen sie einander. „Du doch auch?“, kommt es dann zurück. Sie beginnen eine lange Unterhaltung über die Wichtelnacht, wie es das letzte Mal war und wie es dieses Mal sein wird.

Manchmal muss der Rat der Weisen zusammentreten, wenn Wichtelvölker miteinander im Streit liegen oder mit ihrer Regierung unzufrieden sind. Da wird diskutiert und überlegt und wieder diskutiert und wieder überlegt. Wichtel und Tiere diskutieren und überlegen fleißig mit. So lange, bis eine Lösung gefunden ist und sich alle wieder vertragen! Die Köpfe rauchen, die Stimmen werden heiser und die Augen rot und schwer vor Müdigkeit. Am Ende aber sind alle glücklich und zufrieden.

Wieder einmal ist es gelungen, schlimme Auseinandersetzungen oder gar einen Krieg zu vermeiden. In Waldenland darf es nie wieder Krieg geben! Das haben sich alle vor vielen Jahren geschworen.

„Was ist eigentlich Krieg?“, denkt Amona. „Warum haben alle älteren Wichtel so viel Angst davor?“ Sie beschließt, bei Gelegenheit Titona zu fragen, die muss es ja wissen. Sie ist immerhin alt, uralt.

Wenn jemand etwas sagen oder vorführen will, ruft Titona mit ihrer lauten, eindringlichen Stimme: „Tuwitt!“ Sofort ist es mucksmäuschenstill.

Das bleibt es auch. Wenn zum Beispiel Larida, die weiße Möwe, vom Meer erzählt oder Hirundo, die Rauchschwalbe von den Menschen, wollen das alle hören und halten ihren Mund, auch wenn er manchmal vor Erstaunen weit offen ist.

Es gibt auch viel Spaß auf der großen Huflattichwiese. Suri, dem Eichkätzchen, fallen immer wieder neue Akrobatiknummern ein, lustige, versteht sich.

Amona kichert. Sie denkt an Rana, den Wasserfrosch. Wenn er auf das große Huflattichblatt hüpft, müssen alle schon lachen. Rana ist ein großer Sänger und Leiter eines Froschchors. Die Frösche lieben sein lautes „Quak“. Die Wichtel hören dem Konzert auch gerne zu. Aber damit hat sich's. Ein Quakkonzert selbst singen? Als Wichtel? „Das können die Frösche besser“, sagen die Wichtel. Und das stimmt auch.

Doch Rana sieht das anders. Zumindest tut er so. Auf dem großen Huflattichblatt angekommen, ruft er laut: „Quak – ich bringe euch ein wunderschönes Lied bei!“, und erhebt seinen Taktstock.

Alle antworten: „Quak!“ Doch dann wird aus dem Quak ein fröhliches Lachen und aus dem Quaklied ein Lachlied.

„Ich glaube, Rana hat genauso viel Spaß wie wir“, denkt Amona. „Schließlich weiß er ja, dass Frösche besser und lauter quaken als Wichtel. Der will uns sicher lachen hören, weil Wichtel besser und lauter lachen als Frösche!“

Wenn Sunra, die Kreuzspinne, erscheint und ihr Pilio, der Weberknecht, auf seinen langen Beinen entgegenschreitet, wissen alle: Jetzt wird es spannend. Amona muss laut lachen, dieses Spinnentheater ist wirklich zu komisch! Pilio behauptet immer, eine Spinne zu sein. Sunra hat etwas dagegen. Eine Spinne, die nicht spinnen kann? Wo gibt es denn so was?

„Und überhaupt, wo sind denn deine Giftdrüsen?“, fragt Sunra.

„Giftdrüsen, wozu denn, bin ich ein Monster?“, antwortet Pilio hochmütig.

„Aha, du hältst mich also für ein Monster!“, schreit Sunra wütend.

Pilio grinst.

So geht es einige Zeit hin und her. Dann kommt der große Augenblick, auf den alle warten. Sunra beginnt, ein wunderschönes Netz zu spinnen.

„Na, Pilio, du bist dran!“ Jetzt grinst Sunra.

Pilio fällt vor Schreck tot um, jedenfalls tut er so. Schließlich hat er keine Ahnung, wie man ein Netz spinnt. Er muss sich also tot stellen, was sonst?

Sunra erschrickt, jedenfalls tut sie so.

„Ob sie auf seinen Trick wirklich hereinfällt?“, fragen sich die Wichtel. Allerdings nicht sehr ernsthaft, immerhin sitzen Sunra und Pilio nach dieser Show friedlich nebeneinander. Vorher aber hat sich Pilio würdevoll erhoben und ist davonstolziert. Sunra ist ihm schimpfend gefolgt. Ein Theater eben.

Amona denkt an die vielen Akrobatiknummern und Tänze, an die Wichtelchöre, die richtige Lieder singen. Und an Theaterstücke, in denen sie selbst mitgewirkt hat. Kurze und lange, lustige und ernste. Und sehr dramatische.

Die Bühne für alle Darbietungen ist das große Huflattichblatt, das alle anderen Pflanzen überragt. Auf dieses Riesenblatt werden auch alle Wichtel und Tiere gerufen, die etwas besonders Erfreuliches getan haben. Sie werden vom Rat der Weisen geehrt und von der Versammlung bejubelt. Auf diesem besonderen Blatt stehen auch Wichtel und Tiere, die ein Problem haben. Vor allem dann, wenn es ein Problem ist, das alle angeht. Daher wollen auch alle dazu beitragen, dass dem Wichtel oder dem Tier geholfen wird.

Meistens gelingt das. Vor allem dann, wenn das betreffende Wichtel oder Tier schon selbst eine Idee hat und nicht sicher ist, ob diese auch funktionieren kann oder einfach nur Unterstützung braucht, wie jetzt Amona.

Amona hat eine Wichtelgesetzamonasuchidee

Amonas Problem ist, dass sie den Wortlaut des Wichtelgesetzes zwar kennt, nicht aber dessen Bedeutung. Sie kann mit dem Gesetz wenig anfangen. Genau genommen, gar nichts.

Das Gesetz lautet: „Ein Wichtel soll nichts sagen oder tun, dessen es sich schämen müsste.“

Natürlich hat Amona gelernt, auf ihre Zunge zu achten, sie möchte mit ihren Worten ja niemandem wehtun. Das lernen alle Wichtel Waldenlands, meistens gelingt es ihnen auch. Mit tollen Ideen, denen Taten folgen, ist es leider etwas ganz anderes, zumindest für Amona.

Sie hat viele Ideen. Gute Ideen. Supergute Ideen. Und manchmal weniger gute oder gar schlechte Ideen. Ausführen tut sie aber alle, leider auch die schlechten. Nur hält Amona auch die schlechten Ideen für gute. Sonst hätte sie ja Sanas Gelege nicht mit Honig beschmiert.

„Wie kann ich vorher wissen, ob ich mich nachher schämen muss?“, denkt Amona. Sie weiß es einfach nicht. Das ist ein Problem.

„Nicht mehr lange! Meine Wichtelgesetzamonasuchidee ist super!“, denkt Amona, und klettert auf das große Huflattichblatt.

Amona ist aufgeregt. Immerhin steht sie ganz allein da, unter sich die versammelten Wichtel und Tiere, hinter sich die große Eiche. Auf deren Ästen sitzt der Rat der Weisen. Sie erkennt Palumba, die Taube, und Larida, die Möwe. Die beiden Vögel sind weiß gefiedert und es ist Vollmond. Suri, das Eichkätzchen, und Hirundo, die Rauchschwalbe, sind fast unsichtbar. Titona allerdings ist nicht zu übersehen. Sie hat riesige, gelb leuchtende Augen.

Dann sind da noch die Vertreter und Vertreterinnen der Wichtelvölker. Amona sieht sie zwar nicht, weiß aber, dass sie da sind. Sie gehören ja auch zum Rat der Weisen. Außerdem hat ihr der Tillenkönig Glück gewünscht und sie tröstend in die Arme genommen. Erst dann ist sie auf das Huflattichblatt geklettert.

„Bist du so weit?“, will Titona wissen.

Amona nickt, was die Eule mehr ahnt als sieht.

„Tuwitt!“, ruft sie laut.

Sofort ist es still. Alle blicken gespannt auf Amona. „Ob sie tanzt oder eine Akrobatiknummer zeigt?“, denken einige Wichtel. „Ob sie uns da oben einen Streich spielt?“, denken andere. Amona ist ziemlich bekannt.

„Also“, beginnt Amona mit ihrer Rede. Ihre Stimme zittert ein wenig. Es ist ja auch ziemlich aufregend, da zu stehen und auf so viele gespannte Gesichter zu blicken. Es gibt sicher Wichtel, die vor Aufregung kein einziges Wort über die Lippen brächten.

„Also“, sagt sie noch einmal. „Diesmal werde ich weder tanzen noch turnen noch Theater spielen. Diesmal bitte ich um eure Hilfe.“ Amonas Stimme ist nun fest und sicher. Wichtel und Tiere beginnen zu flüstern. Amona, die kluge, einfallsreiche Amona braucht Hilfe? Das klingt spannend!

„Tuwitt!“, ertönt es aus der Eiche. Schon ist es wieder still auf der Wiese.

„Also“, beginnt Amona zum dritten Mal. „Es ist so. Ich habe ein Problem. Ein Wichtelgesetzverständnisproblem. Das ist ein langes Wort. Es ist aber auch ein langes Problem. Immerhin habe ich es schon lange. Damit ich sicher bin, dass das, was ich mir ausgedacht habe, auch funktioniert, bitte ich euch, mir meine letzten Streiche aufzuzählen. Nur die allerletzten.“

Die anwesenden Wichtel und Tiere sind sprachlos. Amona will von ihnen hören, welche Streiche sie ihnen gespielt hat? Nur die letzten, warum nicht alle? Wahrscheinlich wäre die Wichtelnacht dafür zu kurz. Diese und ähnliche Gedanken kreisen in ihren Köpfen. Manche sprechen sie auch aus, leise natürlich. Wenn viele Gedanken leise ausgesprochen werden, wird es ganz schön laut.

„Tuwitt!" Titona sorgt wieder für Ruhe.

„Du hast vor den Eingang meiner Wurzelwohnung so viele weiße Federn gelegt, dass ich glaubte, der Winter wäre gekommen!" Die Stimme des Erdbilbenwichtels klingt zornig. Einige Wichtel können nur mühsam das Lachen unterdrücken.

„Unsere Flöten hast du mit Harz zusammengeklebt. Fast alle Löcher waren verschmiert!" Das Baumbilbenwichtel ist noch immer empört.

„Daraus ist aber ein neues Instrument entstanden, vergiss das nicht!" Der Flötenlehrer ist jetzt noch ganz aufgeregt.

„Auf unserer Laubwohnung hast du Läuse ausgesetzt. Wir haben umziehen müssen!" Amona beißt sich auf die Lippen.

„Erdbeersaft hast du auf die Kaninchenhaare geschüttet. Unsere Kleider waren rot getupft in diesem Winter", brummt ein Erdbilbenwichtel erbost. Wieder ertönt leises Kichern, allerdings nicht von den Erdbilben.

„Uns hast du mit Blaubeersaft gefärbt. Tagelang hat uns niemand geglaubt, dass wir Marienkäfer sind!", klingt es vorwurfsvoll aus der Menge. Diesmal kichern auch die Erdbilben.

„Mir hast du das Leben gerettet", berichtet feierlich ein Rosenkäfer. Wie, sagt er nicht. Amona erinnert sich, der Käfer war auf den Rücken gefallen und konnte sich alleine nicht umdrehen.

„Sanas Gelege hast du mit Honig beschmiert. Hätten wir die Enteneier nicht gereinigt, wären die Küken jämmerlich erstickt!“ Diesmal gibt es empörtes Gemurmel. Es kichert niemand.

Nun beginnt wieder Amona zu sprechen. „Danke. Ich möchte nur zum Streich mit den Enteneiern etwas sagen. Zuerst hielt ich das Ganze für eine gute Idee, jetzt schäme ich mich dafür. Ich kann gar nicht sagen, wie sehr ich den Seebilben dankbar bin.“ Amonas Stimme zittert wieder ein wenig. „Also.“ Das ist heute Amonas Lieblingswort. „Ihr erinnert euch sicher an das Theaterstück, das wir in der Winterhöhle gespielt haben. Das mit dem Waldgeist. Der heißt Puck. Ich heiße Amona. Das hat etwas mit lieblich zu tun, Puck mit boshaft. Ich komme mir jetzt nicht besonders lieblich vor. Eher boshaft, wenn ich an die Streiche denke, die ihr mir gerade geschildert habt. Daher habe ich beschlossen, ab jetzt nicht mehr Amona, sondern Puck zu heißen.“

Nun wird es laut auf der Huflattichwiese. Ob Amona für immer und ewig ein boshafter Waldgeist sein will? Ob sie glaubt, sich als Puck alles erlauben zu können? Was hat das mit dem Gesetz zu tun? Wie will sie denn mit dieser Idee ihr Problem lösen? Oder ist das am Ende gar die Lösung, Puck, der boshafte Waldgeist? So oder ähnlich fragen einander Wichtel und Tiere.

Ein weiteres „Tuwitt!“ sorgt wieder für Ruhe.

„Ich bitte euch nun, mich ab sofort nur noch Puck zu rufen. Meinen Namen Amona habe ich sozusagen versteckt. Im Wichtelgesetz. Wenn ich das gefunden, ich meine damit, kapiert habe, finde ich auch den Namen Amona wieder. Dann will ich auch wieder so genannt werden.“

„Sie meint es also doch ernst“, denken Wichtel und Tiere und atmen erleichtert auf. Ein zustimmendes Gemurmel ist zu hören.

Diesmal wird es still, bevor Titona „tuwitt" rufen muss. Es genügt, dass Amona die Hand hebt. Sie beginnt auch nicht mit „also", sie fährt mit ihrer Rede einfach fort.

„Ich werde meinen Namen bei den Wichtelvölkern suchen. Ich möchte erfahren, wie sie leben. Ich glaube, dass ich dann besser weiß, ob ein Streich lustig ist oder nicht, oder am Ende gar gefährlich. Habe ich das kapiert, habe ich auch den Sinn unseres Gesetzes gefunden. Und natürlich auch Amona. Ich meine, meinen Namen. Dazu brauche ich aber jemanden, der mir dabei hilft. Ich wünsche mir, dass das Salvit vom Volk der Legolits ist. Salvit, bist du damit einverstanden?"

Amona, die jetzt Puck genannt werden will, hat ihre Rede beendet. Sie hat lange nachgedacht, wie sie den Wichteln und Tieren ihre Idee erklären soll. Das war gar nicht so einfach. Sie hat ja selbst nicht genau gewusst, was die Namen Puck und Amona mit dem Wichtelgesetz zu tun haben. Dann hat sie es aber herausgefunden und sofort gewusst, was sie sagen wird.

Aus den Wichtelreihen erhebt sich nun Salvit. Sie fliegt auf Amona zu und landet neben ihr auf dem großen Huflattichblatt. Die beiden umarmen sich.

Wichtel und Tiere beginnen, zu klatschen und laut zu rufen.

Puck versucht, vom großen Huflattichblatt hinunterzuklettern. Bevor ihr das gelingt, wird sie von ihrem König Till-o-Schreck umarmt. Nicht nur der König umarmt sie. Der gesamte Rat der Weisen ist da und versucht, Puck in die Arme zu nehmen. Die Vögel tun sich da ein bisschen schwer, irgendwie gelingt es ihnen aber. Alle wünschen ihr Glück und loben sie für ihre gute Idee. Alle sind überzeugt, dass Puck am Ende des Jahres wieder Amona genannt werden will. Wichtel und Tiere wollen gar nicht mehr aufhören, zu klatschen und zu rufen.

Warum Amona ihren Namen im Wichtelgesetz suchen will, weiß niemand so genau. Es findet auch niemand besonders wichtig. Wichtig ist nur, dass es Amona weiß, und die weiß es.

Beim Volk
der Tillenwichtel

Puck macht sich Gedanken über das Wichtelgesetz

„Puck – Amona – Puck – Amona – Puck – Amona ...“ Puck steht vor einem Gänseblümchen und zählt murmelnd dessen Blütenblätter aus. Am liebsten möchte sie die Blütenblätter ausreißen. Doch niemand, auch nicht das zornigste Wichtel, würde mutwillig eine Blume zerstören! So bleibt das Gänseblümchen unversehrt.

„... Puck – Amona – Puck – Amona – Puck! Genau, so werde ich jetzt genannt. Jedenfalls eine kleine Weile. Eine ganz kleine Weile. Eine winzig kleine Weile! Außerdem, den Namen habe ich mir selbst gewählt. Und er gefällt mir!“

Puck ist wieder so unsicher wie vor ihrer Rede. War ihre Wichtelgesetzamonasuchidee wirklich ein guter Einfall? Das lange Wort ist es auf jeden Fall, das zumindest. Die Völker Waldenlands bereisen, ganz schön anstrengend! Ja, wenn sie fliegen könnte wie Salvit! Aber Puck ist eben kein Legolitwichtel, und nur die können fliegen. Immerhin gibt es Vögel, wenigstens das. Der eine oder andere wird sie schon mitnehmen. Beruhigend!

Ob sie dieses schwierige Gesetz jemals kapieren wird? Vielleicht, wenn sie sich damit beschäftigt. Das hat sie ja auch vor. Nicht später, sondern gleich. Jetzt. Sofort.

Puck runzelt die Stirn. „Was heißt überhaupt, sich schämen? So ein komisches Wort! Wenn mir etwas leid tut, ist das Schämen? Diese blöde Idee mit den Enteneiern! Wenn ich daran denke, wird mir ganz heiß. Wahrscheinlich ist das gemeint.“

Puck denkt angestrengt nach. Plötzlich springt sie auf. „Ich hab’s“, ruft sie begeistert. „Schämen heißt, wenn ich etwas getan oder gesagt habe und mir nachher ganz heiß wird! Wenn ich am liebsten unsichtbar wäre! Wenn ich ein schlechtes Gewissen habe!“

Puck ist erleichtert, ein Anfang wäre ja gemacht. Nur: „Wie kann ich vorher wissen, ob ich mich nachher schäme?“, seufzt sie verzagt. Sie weiß nicht, dass dazu Übung nötig ist. Und Zeit. Puck ist ein ungeduldiges Wichtel.

„Das kriegst du schon hin, nur keine Ungeduld!“

Puck springt auf. „Hallo, Salvit! Bist du schon länger da? Ich hab’ dich gar nicht gesehen.“

„Gerade erst eingeflogen.“ Salvit ist noch ein wenig atemlos. „Nur deinen letzten Seufzer habe ich gehört!“

Puck berichtet nun Salvit von ihren Gedanken. Als sie erklärt, was sie unter Schämen versteht, nickt Salvit zustimmend.

„Immerhin etwas“, sagt Puck nachdenklich. „Hast du eine Ahnung, warum das Gesetz Waldenlands so kompliziert ist? Warum kann es nicht einfach heißen, das sollst du tun und das nicht? Wer ist denn auf diesen komischen Gedanken gekommen? Und warum?“

„Das hat irgendetwas mit Krieg zu tun. Frag mich nicht, was. Was Krieg ist, weiß ich auch nicht so genau. Wir können ja Titona fragen, die weiß es bestimmt.“

„Super Idee!“, meint Puck. „Weißt du, wo wir sie jetzt finden? Ich möchte sie so schnell wie möglich fragen.“ Puck ist wirklich ein ungeduldiges Wichtel.

„Titona sitzt wahrscheinlich in der Königsbirke. Du weißt schon, die Birke, die dein König Till-o-Schreck so heiß liebt!“

Alle Könige und Königinnen tragen den Namen Till

Puck grinst. Im Schatten dieser Birke hält ihr König immer sein Mittagsschläfchen, daher heißt sie auch Königsbirke. Puck und andere Wichtel haben ihm dort schon oft tolle Streiche gespielt. Der König hat mit ihnen gelacht, aber nicht, ohne vorher laut „O Schreck!“ gerufen zu haben.

Alle Tillenwichtel lieben König Till-o-Schreck, der ganz und gar nicht schrecklich ist. Er ruft nur immer „O Schreck!“, wenn ihm einer seiner Wichtel wieder einmal einen Streich gespielt hat. Und aus anderen Gründen. Genau genommen auch ohne Grund. Was nicht heißt, dass er keinen hat. Die anderen sehen nur keinen.

Seit alten Zeiten heißen Könige und Königinnen der Tillenwichtel Till. Damit sie aber nicht verwechselt werden, bekommen sie einen Beinamen. Der muss zu ihnen passen, irgendwie.

Till-o-Schrecks Mutter heißt Till-einen-Schluck. Sie ruft immer nach einem Schluck Heidelbeerwein, wenn sie von bösen Taten erfährt. Das passiert aber nicht oft. Nicht, weil die Königin sonst zu viel Wein trinken würde, sie trinkt sowieso ziemlich wenig. Der Grund ist ganz einfach, dass böse Taten bei den Tillenwichteln selten sind.

Der Vater Till-o-Schrecks heißt Till-den-Stock. Das hört er gar nicht gerne. Er hat nämlich immer nach einem Stock gerufen, wenn ein Wichtel besonders schlimm war. Aber das geschah, bevor das neue Gesetz eingeführt worden ist. Geschlagen wird schon lange niemand mehr in Waldenland.

Salvit und Puck gehen langsam über die Wiese. Wie alle Legolitwichtel hat Salvit durchsichtig schimmernde Flügel.

Puck hat keine Flügel, wie alle anderen Wichtel muss sie gehen. Zumindest dann, wenn sie von einem Ort zu einem anderen gelangen will, so wie jetzt. Allerdings finden Legolitwichtel das Fliegen nicht besonders fair, wenn sie mit flügellosen Wesen unterwegs sind, wie Salvit mit Puck. Darum benützt jetzt auch Salvit ihre Beine.

Es ist Frühling. Die Luft ist warm und weich. Die beiden Freundinnen genießen es, durch das hohe Gras zu wandern. Sie sehen sehr verschieden aus.

Puck ist groß und kräftig. Sie hat kurze, braun gelockte Haare und eine dunkle Haut. Ihre Augen sind rund und schwarz. Sie trägt ein rotes Kleid, das aus den Samenfäden des Löwenzahns gewebt wurde. Die Farbe haben Blattläuse gespendet, freiwillig. Sie produzieren mehr rote Milch, als sie verbrauchen. Salvit ist klein und zart. Ihre Haare sind dicht, glatt, schwarz und lang. Ihre Augen sind genauso grün wie ihr Kleid.

Das Tillenreich liegt zwischen der Huflattichwiese und dem Tanngebirge, im Südosten Waldenlands. Die Wiesen sind voll bunter Blumen. Diese blühen und duften vom Frühling bis weit hinein in den Herbst. In den Blumen wohnen die Tillenwichtel. Sie sind richtige Nomaden und wandern von einer Blume zur anderen. Das müssen sie auch, denn keine Blume blüht länger als einige Wochen. Auf den Wiesen stehen auch Birken. Während des Sommers sind alle Blumen, die im Schatten der Birken wachsen, bewohnt. Das ist angenehm, denn der Sommer ist sehr heiß.

Im Tillenreich gibt es nicht nur Blumen und Birken. Es gibt auch Erdbeeren, viele Erdbeeren. Dann sind manche Wiesen nicht bunt, sondern rot, erdbeerrot. Allerdings nur im Frühling. Im Herbst gibt es Wiesen, die ganz blau sind, heidelbeerblau. Diese Wiesen liegen am Waldrand, eigentlich fast schon im Wald. Zur Heidelbeerernte müssen die Tillenwichtel ganz schön weit gehen, jeden Herbst.

Die Erdbeeren sind reif

Jetzt ist es Frühling. Viele Wiesen sind rot, wie diese, die Salvit und Puck gerade erreichen. Plötzlich bleiben sie stehen und lauschen. Wird da nicht gesungen?

„Das Erdbeerlied!“, ruft Puck. Und richtig, ganz deutlich hören die beiden Mädchen das fröhliche Lied.

„Mai, Erdbeerzeit, Erdbeerernte, Erdbeerfest! Wie habe ich das nur vergessen können!“ Puck ist ganz aufgeregt. „Komm, Salvit, schnell, wir müssen beim Ernten helfen! Schließlich ist das Tillenvolk für die Erdbeersaft-Wintervorräte verantwortlich. Titona fliegt uns nicht davon. Fragen wir sie doch später!“ Schon stürmt Puck auf die Wiese, Salvit hinterher.

„So etwas habe ich noch nie gesehen!“, ruft sie erstaunt und bleibt sehen. Sie betrachtet mit offenem Mund das Treiben auf der Wiese. Erdbeeren und Tillenwichtel, wohin sie schaut! Das ganze Tillenvolk ist beschäftigt. „Sogar der König arbeitet mit“, bemerkt Salvit.

Auf vielen Erdbeerstängeln sitzen Wichtel und bemühen sich, Früchte von den Kelchen zu lösen. Dazu verwenden sie flache Instrumente aus Ton. Das sind Erntelöffel, wie Salvit später erfährt. Jetzt entdeckt sie ein Wichtel, das mit einem Erntelöffel kämpft.

„Warte, ich helfe dir!“ Salvit hält den Löffel nun gemeinsam mit dem Wichtel. Trotzdem keucht sie. Mit vereinten Kräften gelingt es ihnen, die Frucht zu befreien. Dann sinken beide erschöpft ins Gras.

„Ich komme!“, ruft Puck und eilt zu einer Gruppe Wichtel, die sich mit dem Verpacken plagt.

Puck hilft Livia, einem Tillenwichtel, Erdbeeren auf ein Netz zu rollen. Vorsichtig holen sie Frucht für Frucht, bis sechs Erdbeeren eng nebeneinander liegen.

„Achtung!“ Die vier Netzenden werden nun von einigen Wichteln gleichzeitig hochgehoben. Nun ziehen Puck und Livia je am Ende einer Schnur, die durch das Netz läuft.

„Fester!“, stöhnt Livia. „Wir müssen ganz fest ziehen!“

Die beiden Wichtel ziehen aus Leibeskräften. Endlich, jetzt ist das Netz zusammengezogen. Puck verknotet die Schnurenden zu einer Schlaufe. Gerade zur richtigen Zeit landet Palumba. Die Taube nimmt die Schlaufe in den Schnabel und will mit dem Netz davonfliegen.

„Palumba, nimmst du mich mit in die Winterhöhle? Ich möchte so gerne beim Saftpressen helfen.“

Palumba senkt die Flügel. Sie erblickt Puck und nickt zustimmend: „Setz dich auf meinen Rücken!“

Noch bevor Puck richtig sitzt, braust die Taube davon. „Hat die es aber eilig“, stöhnt Puck und hält sich am Gefieder fest.

Palumba hat es wirklich eilig. Sie und ihre Verwandten helfen den Tillenwichteln bei der Erdbeerernte und später bei der Heidelbeerernte, Jahr für Jahr. Und die Zeit ist knapp. Es müssen so viele Früchte wie möglich in die Winterhöhle gebracht werden. Alle Wichtel vertrauen darauf, schließlich geht es um den Wintervorrat. Außerdem, wie sollten die Früchte sonst dorthin gelangen?

Puck hat es nicht mehr geschafft, sich aufzusetzen. Also liegt sie auf dem Rücken Palumbas und braucht ihre ganze Kraft, um auch wirklich liegen zu bleiben. „Die verflixte Taube hätte wirklich warten können!“, stöhnt Puck.

Endlich wird der Flug Palumbas langsamer. Sie geht in die Zielgerade und landet. Vorsichtig schreitet sie durch den engen, dunklen Höhleneingang, das Netz im Schnabel, die stöhnende Puck auf dem Rücken.

In der Höhle brennen viele Feuer. Es ist hell und heiß. Auf den Feuerstellen stehen große, mit Wasser gefüllte Schalen. In den Schalen werden Tongefäße, die mit Saft gefüllt und dicht verschlossen sind, erhitzt. Der Erdbeersaft wird dadurch haltbar. Neben den Feuerstellen stehen Saftpressen aus Holz.

Palumba legt behutsam das Erdbeernetz auf den Boden. Puck gleitet von ihrem Rücken. Bevor sie sich noch bei der Taube bedanken kann, ist diese schon wieder fort, das leere Netz im Schnabel. Einige Wichtel rollen in Windeseile die Erdbeeren aus dem Netz. Sie sind mit dieser Arbeit schneller fertig, als Puck braucht, um ihre steifen Glieder zu lockern.

Puck sieht sich um. Sie sieht Wichtel, die Erdbeere für Erdbeere zu einer Saftpresse schleppen und beschließt, dasselbe zu tun. Bereits nach der ersten Erdbeere entdeckt Puck, dass die Arbeit an der Saftpresse interessanter ist als das Schleppen. Sie hat Glück. Ein Wichtel ist froh, für einige Zeit von Puck abgelöst zu werden.

Saftpressen sehen so ähnlich aus wie die Kartoffelpressen der Menschen, nur fließt der Saft durch eine einzige Öffnung direkt in ein Tongefäß. Dieses wird verschlossen, sobald es gefüllt ist.

Puck schiebt ein leeres Tongefäß unter das Loch und ruft: „Los!“ Sofort bewegen zwei Wichtel die Schaufel, welche die Früchte zusammenpresst. Dick und rot läuft der Saft in das Gefäß. Alle achten darauf, dass auch ja nichts daneben rinnt. „Fertig!“ Puck gibt nun den Deckel auf den Saftkrug. Dieser wird mit Harz abgedichtet. Zu dritt tragen sie den Krug zum Wasserbottich.

„Mir tut alles weh!“ Nicht nur Puck stöhnt vor sich hin, sondern auch die beiden anderen Wichtel. Alle drei setzen sich auf den Boden. Die Arbeit war aber auch wirklich schwer.

Kaum sitzen sie, wird schon die nächste Ladung Erdbeeren gebracht. Und wieder geht es los, Gefäß um Gefäß wird gefüllt.

In der Winterhöhle wird vieles gelagert

Das Winterquartier der Wichtelvölker ist sehr groß. Es besteht aus mehreren Höhlen.

Da gibt es die große Höhle. Sie ist so groß, dass alle Wichtel darin Platz haben. Dort können sie spielen, tanzen, musizieren und singen. Und Feste feiern. Oder diskutieren. Wichtel diskutieren mit großer Begeisterung, zumindest die meisten. Wenn einige mit einer Diskussion anfangen, kommen gleich andere, die mitdiskutieren wollen. Dann kommen weitere dazu. Schließlich sind es so viele, dass nur noch wenige gehört werden. Die diskutieren miteinander und sind wieder dort, wo sie angefangen haben.

Dann gibt es noch viele kleinere Höhlen. Auch in diesen wird gespielt und gesungen, getanzt und musiziert, diskutiert und gefeiert, schließlich wollen nicht alle Wichtel immer dasselbe tun! In diesen kleinen Höhlen wird auch gegessen, geschlafen und gelernt.

Es gibt auch eine Menge Vorratshöhlen, die im Laufe des Jahres immer voller werden. Im Mai beginnen die Tillenwichtel mit der Saftherstellung. Wenig später werden von den Seebilben die ersten Eier gebracht. Gegen Sommerende sind wieder die Tillen mit der Heidelbeerernte beschäftigt. Fast gleichzeitig bringen die Farnbilben Pilze. Als Letztes kommen von den Baumbilben Hasel- und Walnüsse. Dazwischen erscheinen immer wieder Legolits mit Heilkräutern und Farnbilben mit Sauerklee, Wurzeln und verschiedenem Waldgemüse. Auch Seebilben kommen ständig zur Höhle. Sie stellen Decken her, schließlich will niemand frieren.

Die Legolits wiederum beschaffen Honigwachs für die riesigen Kerzen und gießen sie auch gleich. Die Höhle braucht Licht und Wärme. Legolits sind dafür verantwortlich, dass die Feuerstellen auch rechtzeitig angezündet werden. Sie holen das Feuer von den Moorgeistern, mit denen sie befreundet sind.

Im Herbst erscheinen dann die Erdbilben, die wunderbare Geräte und Gefäße herstellen und gegen Lebensmittel eintauschen. Für die Erdbilben gibt es eine spezielle Höhle. Alle Lebensmittel, die sie gegen ihre Töpferwaren eingetauscht haben, werden dort gelagert. Die anderen Wichtel müssen schließlich wissen, was ihnen gehört und was nicht und die Vorräte in dieser Höhle gehören eben nicht ihnen, sie gehören den Erdbilben.

Niemand kann sich von heute auf morgen ändern

Puck wandert langsam durch das Winterquartier. Ihre Neugier ist größer als ihre Müdigkeit und müde ist sie, sehr sogar. In einer kleinen Höhle befinden sich einige Fässer. Puck bleibt interessiert stehen.

„Was ist denn in den Fässern?“, fragt sie Bako, ein verschmitzt aussehendes Wichtel mit grauem Krauskopf.

„Das sind Weinfässer. Du weißt doch, manchmal trinken die älteren Wichtel einen Schluck Wein, oder auch zwei. Manchmal sogar mehrere. Vor allem dann, wenn ein Fest gefeiert wird, wie eine Hochzeit oder ein Geburtstag.“

„Wie schmeckt denn der Wein?“ Puck ist ein junges Wichtel und hat noch nie Wein getrunken.

„Hm, recht gut“, antwortet Bako, „zu viele Schlucke sind aber nicht so gut.“

„Warum?“, will Puck wissen.

Bako räuspert sich. „Hm, na ja, manche reden lauter dummes Zeug und wissen das dann nicht mehr, oder so. Gerade gehen können sie dann auch nicht mehr, oder so.“

„Aha. Geht das vorüber?“ Puck ist sehr interessiert.

„Ja, natürlich, aber nicht gleich, oder so.“

„Aha.“ Pucks Augen blitzen. „In all diesen Fässern ist Wein?“

Bako nickt. „Ja, in all diesen Fässern ist Wein.“

„Aha. Und du passt dauernd darauf auf?“, fragt Puck atemlos.

Bako antwortet freundlich: „Nein, nicht dauernd. Ich schaue nur manchmal nach, ob alles in Ordnung ist.“ Bako freut sich über Pucks Interesse an seiner Arbeit.

„Aha!“ Puck ist sehr befriedigt. „Und, ist alles in Ordnung?“, fragt sie unschuldig.

„Ja, es ist alles in Ordnung. Darum fliege ich jetzt mit Palumba nach Hause, oder so. Sie wird bald da sein. Ah, da kommt sie schon!“ Bako schwingt sich auf den Rücken der Taube.

„Leb wohl, Puck!“, ruft Bako. „Und danke für dein Interesse!“

„Leb wohl, Bako, ich danke dir!“ Puck winkt Bako freundlich zu.

Puck grinst. Sie hat wieder eine tolle Idee. Ob sie auch gut ist? Darüber denkt Puck keinen Augenblick nach. Salvit, die sie daran erinnern könnte, ist noch am Erdbeerfeld.

Gar nicht mehr müde schlendert Puck nun zur Vorratskammer der Erdbilben. Sie passt genau auf, ob jemand in der Nähe ist. Einige Saftgefäße sind bereits gelagert. Puck muss sich sehr plagen, zwei davon gegen Weinfässer auszutauschen.

„Schade“, denkt sie, „dass die Erdbilben nicht gemeinsam mit uns den Winter verbringen! Ich würde zu gerne sehen, wie sie nicht mehr gerade gehen können! Das dumme Zeug, das sie reden, würde ich auch gerne hören!“

Puck ist begeistert. So begeistert, dass sie völlig vergessen hat, warum sie einige Zeit Puck genannt werden will. Sie denkt nur noch an ihre Idee. Aber so ist das eben, kein Mensch kann sich von heute auf morgen ändern, auch kein Wichtel. Und Puck hat damit ja noch gar nicht richtig angefangen!

König Till-o-Schreck muss wieder „Oh Schreck“ rufen

Die Erdbeerernte ist zu Ende. Das Tillenvolk versammelt sich zum großen Erdbeerfest.

Auch Puck und Salvit sind dabei.

Es ist ein großartiges Fest. Die Wichtel tanzen und spielen, musizieren und spielen Theater. Oder sie schauen einem Sportwettbewerb zu, wie jetzt die beiden Freundinnen.

Salto, ein Grashüpfer, und Zatto, der beste Tillensportler, messen sich im Weitsprung.

„Wie will denn Zatto einen Grashüpfer besiegen? Im Weitsprung?“, fragt Salvit erstaunt.

„Pass auf, du wirst schon sehen!“, grinst Puck. Sie kennt Zatto und seine genialen Einfälle. Er ist ja schließlich ein Tillenwichtel.

Zatto gewinnt tatsächlich. Nicht etwa, weil er weiter springen kann als Salto, kein Wichtel in ganz Waldenland könnte das. Er hat einfach einen langen Grashalm umgebogen und das Ende mit einem Stein beschwert. Auf das Kommando „Los!“ entfernt ein Wichtel den Stein. Zatto, der sich am Grashalm festhält, wird weit durch die Luft geschleudert. Weiter, als Salto springt!

Die Tillenwichtel lachen und klatschen begeistert. Sie lieben solche Streiche, auch bei einem Wettbewerb wie diesem. Schließlich wissen alle, dass Salto der beste Weitspringer ist. Salto weiß das auch, darum lacht und klatscht er mit.

Die Wichtel vertilgen jede Menge Erdbeeren. Sie essen sie mit Nektar oder mit Milch oder mit Honig. Oder einfach so, ohne irgendetwas. Jedenfalls essen sie, lange und viel. An das Bauchweh am nächsten Tag denken sie nicht. Die Sonne beginnt zu sinken. Das Fest geht langsam zu Ende. Nur noch ein einziges Theaterstück steht auf dem Programm. Kichernd sitzen die Wichtel im Gras und schauen zu.

Schauspieler und Schauspielerinnen tragen übertrieben langweilige Kleider und machen ernste und wichtige Gesichter. Wieder einmal wird ein Stück über die Erdbilben gespielt. Wieder einmal machen sich die Tillen über sie lustig. Die Späße sind ganz und gar nicht beleidigend. Das sagen jedenfalls die Tillen. Außerdem sitzt Palumba vom Rat der Weisen unter den Zuschauern und Zuschauerinnen. Die lacht sogar mit, meistens.

Das Stück ist zu Ende. Alle klatschen begeistert Beifall.

Nun tritt Puck auf. Ihr ist noch eine tolle Idee gekommen. Eine Idee zur Idee, eine Erdbilbenweinfässervertauschpantomime. Pucks Wortschöpfungen werden immer länger. Sie hat ihr rotes Kleid gegen ein erdbraunes vertauscht und schaut das Publikum hochmütig an. Sie schreitet wichtig herum.

Dann bückt sie sich. Sie hebt einen nicht vorhandenen Sack auf, einen offensichtlich sehr schweren Sack. Ächzend schleppt sie ihn ein Stück. Sie stellt den nicht vorhandenen Sack hin. Sie setzt sich darauf. Sie wischt sich den nicht vorhandenen Schweiß von der Stirn. Sie fährt sich mehrmals mit der Zunge über die Lippen.

Alle erkennen, dass das ein Erdbilbenwichtel ist, das schwer gearbeitet hat. Jetzt hat es Durst. Gleich wird es einen nicht vorhandenen Krug nehmen und trinken.

Genau das passiert. Doch was ist das? Das Puck-Erdbilbenwichtel beginnt zu schwanken! Es kann nicht mehr gerade gehen. Es torkelt herum. Es beginnt zu grinsen. Es will sich festhalten. Es plumpst zu Boden. Es bleibt grinsend sitzen.

Die Wichtel sind erschrocken. Ist Puck am Ende übel geworden? Hat sie zu viele Erdbeeren gegessen? Oder spielt sie gar ein betrunkenes Erdbilbenwichtel? Ausgerechnet Erdbilbenwichtel, die doch so selten Wein trinken. Dann beginnen alle zu lachen, Pucks Pantomime war einfach zu komisch! Erfreut über ihren Erfolg erhebt sie sich. Sie strahlt. Sie verbeugt sich. Ihre Idee war einfach genial. Jedenfalls ist Puck davon überzeugt.

Salvit runzelt die Stirn und blickt nachdenklich auf Puck. „Ich hätte mit ihr gehen müssen", murmelt sie schuldbewusst.

König Till-o-Schreck stöhnt: „Oh Schreck! Was hat sie jetzt wieder angestellt?"

Seine Mutter ächzt: „Schnell, einen Schluck!" Das sagt sie immer. Auch, wenn sie gar keine Lust auf Wein hat, wie jetzt.

Palumba sträubt ihr Gefieder. „Sie war in der kleinen Höhle!", flüstert sie besorgt.

Bako murmelt: „Sie wird doch nicht, oder so?", und schüttelt seinen Lockenkopf.

Sie alle kennen Puck und wissen, dass sich niemand von heute auf morgen ändern kann, beim besten Willen nicht.

Puck merkt davon nichts. Sie merkt auch nicht, dass König Till-o-Schreck leise mit Salvit flüstert. Puck sonnt sich in ihrem Erfolg.

Es wird Abend. Die Wichtel reichen einander die Hände und singen. Einige Tiere zirpen, andere brummen. Die Frösche quaken. Was sie singen, zirpen, brummen und quaken? Natürlich das Erdbeerfestabschiedsabendlied. So nennt es jedenfalls Puck.

Fröhlich plaudernd gehen die Tillenwichtel zu ihren Blumenwohnungen und schlafen zufrieden ein.

Puck und Salvit wandern durch das Gras. Sie wollen Titona besuchen und mit ihr über das Wichtelgesetz sprechen.

Puck denkt an ihren großartigen Streich. Sie lächelt vergnügt vor sich hin.

„Du warst in der Winterhöhle. Hast du etwa Fässer vertauscht?“, fragt Salvit besorgt.

Puck lächelt stolz. „Eine gute Idee, findest du nicht?“ Puck ist noch immer davon überzeugt.

„Du hast sicher nicht daran gedacht, dass von dem Wein auch kleine Kinder trinken könnten? Wein schadet Kindern, sehr sogar.“

„Wein schadet Kindern? Das habe ich nicht gewusst!“ Puck erschrickt.

„Warum, glaubst du, trinken nur erwachsene Wichtel Wein?“, fragt Salvit.

„Das habe ich mir nie überlegt. Was soll ich denn jetzt tun? Salvit, hilf mir, was soll ich tun?“ Puck ist noch immer erschrocken. Wahrscheinlich kann sie deshalb nicht besonders klar denken, bestimmt sogar.

„An die Folgen deiner Streiche denken, das sollst du tun! Und zwar, bevor du sie durchführst!“ Salvit ist ziemlich zornig. Ein wenig auch auf sich selbst. Sie weiß nur nicht genau, warum.

„Ich meine jetzt. Ich habe zwei Fässer vertauscht. Sie stehen in der Vorratskammer der Erdbilben.“

„Natürlich helfe ich dir. Ich hätte dir schon vorher helfen müssen, bevor du die Fässer vertauscht hast. Ich habe ja versprochen, bei dir zu bleiben.“ Jetzt weiß Salvit, warum sie auch auf sich selbst zornig ist.

Puck überlegt. Eigentlich hat Salvit recht. Sie hätte die Folgen gekannt, Puck nicht. Sie atmet erleichtert auf. Nur, wenn sie nachgedacht hätte, wäre ihr dann die Idee wirklich noch so toll vorgekommen? Puck bezweifelt das, immerhin kennt sie ja das Weinverbot für Kinder!

Jedenfalls kann sie jetzt wieder denken. Eine denkende Puck hat auch Ideen. Sehr oft sogar wirklich gute, wie jetzt.

„Die Fässer stehen ja noch da, wo ich sie hingerollt habe. Ich tausch sie einfach wieder zurück.“ Puck schaut Salvit triumphierend an.

„Klar, das machen wir. Gleich morgen. Ich helfe dir dabei. Palumba wird uns sicher hinfliegen.“ Beide Wichtel sind erleichtert.

„Wir müssen Titona informieren. Dein König hat etwas gemerkt. Er sitzt bestimmt schon bei der Eule und stöhnt *oh Schreck*.“

„Okay, ich mach das“, seufzt Puck.

Titona erzählt eine wahre Geschichte

Die beiden Wichtel haben die Königsbirke erreicht. Es ist bereits tiefe Nacht. Der Mond ist nur ein schmaler, silberner Streifen. Auf dem untersten Ast der Birke sitzt Titona. Ihre Augen leuchten gelb und groß.

Puck und Salvit klettern vorsichtig an einer Grasleiter hinauf. Erst jetzt erkennen sie, dass Titona nicht alleine ist. Tatsächlich sitzt König Till-o-Schreck neben ihr.

„Guten Abend." Pucks Stimme klingt fröhlicher, als sie sich fühlt. „Ich muss euch etwas sagen. Wegen der Pantomime. Ich bringe das morgen in Ordnung. Mit Salvit." Etwas wirr erzählt Puck nun die Geschichte von den vertauschten Fässern und warum sie dann noch auf die Idee mit der Pantomime gekommen ist, glücklicherweise! Wie hätte sie sonst erfahren, dass ihre tolle Idee in Wirklichkeit eine ziemlich gefährliche war? Ohne Pantomime hätte ja niemand davon gewusst.

Nicht nur Puck redet, sondern auch Salvit. Sie erzählt, dass sie sich von der ungewohnten Arbeit bei der Erdbeerernte ausgeruht hat. Dass sie eingeschlafen ist und daher auch nicht in der Winterhöhle war. Sie hat Puck alleine gelassen, obwohl sie versprochen hatte, bei ihr zu bleiben.

„Das also war es!" Till-o-Schreck weiß nun, dass sein Verdacht ein berechtigter war. Er ist ein König, der seine Wichtel kennt!

„Gut, ihr bringt das morgen in Ordnung. Dann können wir die Sache ja vergessen." Titona nickt. „Eines solltet ihr aber nicht vergessen. Alles braucht seine Zeit, niemand ändert sich von heute auf morgen. Dass es schwierig ist, sich an unser Gesetz zu halten, ist ja wirklich wahr. Dass das nicht immer gelingt, leider auch. Wer aber ist schon vollkommen?“

Das war das Stichwort. Wegen dieses Gesetzes sind Puck und Salvit eigentlich hier. Das hätten sie bald vergessen.

„Titona“, fragt nun Puck. „Warum haben wir denn so ein Gesetz, wenn es so schwierig ist, sich daran zu halten? Warum sagen wir nicht einfach, das sollst du tun und das nicht?“

„Eine gute Frage. Ich werde euch eine wahre Geschichte erzählen.“ Titona beginnt: „Viele Jahrhunderte lang hatte jedes Volk in Waldenland eigene Gesetze. Es wurden immer wieder neue Gesetze erfunden. Oder alte verändert. Oder gar gestrichen. Schließlich wusste niemand mehr genau, was richtig ist und was falsch. Bei einem Volk war etwas erlaubt, was bei einem anderen verboten war. So hatten immer weniger Wichtel Lust, andere Völker zu besuchen. Wer will schon für etwas bestraft werden, was ganz normal ist, zumindest zu Hause im eigenen Land? Bald kannten sich die Völker untereinander gar nicht mehr. Jedes Volk glaubte nicht nur, seine eigenen Gesetze wären die einzig richtigen, es war auch davon überzeugt, nur ihr Volk wäre gut und klug.

Dann kamen Wichtel, die sagten, alle anderen Völker wären nichts wert, wären böse und neidisch. Wieder andere erzählten, andere Völker hätten es auf ihre Wohnungen abgesehen. Und auf ihre Vorräte. Oder gar auf ihre Kinder. Allmählich begannen die Wichtel, diese Worte zu glauben. Sie glaubten auch, ihre Nachbarn hätten Dinge, die auch sie haben müssten. Solche Gedanken sind sehr gefährlich. Aus solchen Gedanken können Kriege entstehen. Genau das ist passiert.

Eines Tages brach ein fürchterlicher Streit zwischen zwei Wichtelvölkern aus. Das eine wollte über das andere herrschen. Jedes war überzeugt davon, im Recht zu sein. Andere Völker mischten sich ein. Sie gaben entweder dem einen oder dem anderen Volk Recht. Waldenland war in zwei feindliche Lager gespaltet. Und dann führten sie gegeneinander Krieg.“

„Krieg, was ist das?“, fragen Puck und Salvit gleichzeitig.

„Krieg ist etwas Schreckliches. Da kämpfen Wichtel gegeneinander, die sonst vielleicht Freunde oder Freundinnen wären. Sie müssen einander töten, nur weil sie aus verschiedenen Völkern stammen, völlig verrückt. Einige werden nicht getötet, sondern verletzt, andere gefangen und eingesperrt. Vieles wird zerstört. In Waldenland waren am Ende Wiesen ohne Blumen und Bäume ohne Laub. Es war sehr traurig.“ Titonas Stimme zittert. Sie hat diesen Krieg selbst miterlebt.

Die beiden Wichtel können sich all das gar nicht vorstellen. Ungläubig flüstern sie: „Das ist hier bei uns passiert? Bei allen Völkern?“

„Nicht alle haben mitgemacht. Das Volk der Legolits war klüger. Sein Gesetz hat es davor bewahrt, diesen gefährlichen Weg zu gehen. Die Legolits waren davon überzeugt, dass sie Selbstgerechtigkeit bereuen würden. Oder Neid. Oder Hass. Dass sie sich dafür schämen müssten. Sie hatten unser heutiges Gesetz schon damals.“

Salvit freut sich, sie ist ja ein Legolitwichtel. „Hat unser Volk die anderen denn nicht warnen können?“, fragt sie.

„Hat es ja auch, hat aber nichts genützt. Die anderen Wichtel hielten die Legolits sowieso für verrückt. Mit ihrem Gesetz konnten sie nichts anfangen. In diesen Tagen ist viel Trauriges geschehen“, seufzt Titona. „Den Krieg haben die Wichtel bitter bereut. Natürlich erst, als er zu Ende war, als sie gesehen haben, was ein Krieg alles anrichten kann. Da haben sie dann geschworen, dass es nie wieder Krieg geben darf, nie wieder! Vertreter und Vertretcrinnen der einzelnen

Völker haben sich dann zusammengesetzt. Sie haben wochenlang geredet und diskutiert. Sie haben Vorschläge gemacht und wieder verworfen. Es hat ausgesehen, als könnten sie sich nie einigen.

Endlich kam jemand auf die Idee, auch Legolits einzuladen, obwohl diese am Krieg ja nicht beteiligt waren. Oder vielleicht gerade deshalb. Sie haben sich deren Gesetz erklären lassen. Sie haben gefragt, wie denn so etwas funktionieren kann. Nach langen Gesprächen war es dann so weit, das Gesetz sollte ab sofort in ganz Waldenland gelten. Alle anderen Gesetze wurden abgeschafft." Titona ist jetzt müde. Sie hatte ja auch viel zu erzählen, viel Trauriges.

Sie fährt aber mit ihrem Bericht fort: „Ihr wisst ja, dass es den Rat der Weisen gibt, eine Idee, die ebenfalls nach dem Krieg entstanden ist. Außer bestimmten Wichteln müssen immer auch einige Tiere Mitglied sein, da Tiere neutral sind. Sie ergreifen für kein Volk Partei. Im Streitfall ist das ungemein wichtig."

„Was tut der Rat der Weisen?", wollen Puck und Salvit wissen.

„Er achtet darauf, dass unser Gesetz verstanden und eingehalten wird. Er muss aufpassen, dass nicht wieder gefährliche Gedanken entstehen, aus denen gefährliche Taten werden. Natürlich kann er nicht in die Köpfe der Wichtel schauen. Sobald aber solche Gedanken ausgesprochen sind, können sie auch gehört werden. Dann muss er sich etwas überlegen." Titona schweigt erschöpft. Heute wird sie wohl nicht mehr auf Beutefang gehen.

Puck und Salvit verabschieden sich.

Schweigend rutschen sie die Grasleiter hinunter. Sie denken an das, was ihnen Titona erzählt hat. Darüber schlafen sie ein. Auf Grashalmen. Blumen aufzusuchen, dafür waren sie zu erschöpft.

Beim Volk der Legolits

Die Legolitwichtel haben ganz besondere Fähigkeiten

Hirundo, die Rauchschwalbe, bewegt sich ruhig und gleichmäßig durch die Luft. Ihre Flügel sind weit ausgebreitet. Ihr Gefieder glitzert in der Sonne. Es ist Sommer. Die Wiesen sind voll bunter Blumen, der Himmel tiefblau. Es ist heiß.

Salvit und Puck sitzen auf Hirundos Rücken. Sie sind aufgeregt. Sie genießen den kühlen Wind. Sie fliegen in den Süden Waldenlands zum Volk der Legolits.

Puck ist glücklich. Die Geschichte mit den vertauschten Fässern ist überstanden. Die Weinfässer sind wieder dort, wo sie hingehören. Das war ganz schön schwierig! Zuerst hat Puck die vertauschten Fässer nicht gleich gefunden. Dann musste sie die Weinfässer kippen, rollen und wieder aufstellen. Dann musste das Gleiche mit den Saftfässern geschehen. Damals, als sie ihre Idee in die Tat umgesetzt hatte, war das viel einfacher gewesen. Da war sie sogar ganz alleine gewesen und jetzt hat ihr Salvit geholfen!

„Komisch ist das schon“, murmelt sie, „aber jetzt ist es vorbei, aus und vorbei!“

Die Gegend, die zuerst noch sanft und hügelig war, wird nun ganz flach. Am Horizont sehen Puck und Salvit schon das Moor, zerzauste Sträucher, wilde Grasbüschel, schlanke Seggen, dazwischen grünes Moos und gelbe Sumpfdotterblumen.

Puck hält den Atem an. „Oh, Salvit, ist das schön!“, ruft sie begeistert. Sie zeigt auf eine Wiese voll blauer Glockenblumen. „Ist das das Legolitreich?“, fragt Puck ehrfürchtig.

Salvit nickt.

Jetzt setzt Hirundo vorsichtig zur Landung an.

Kleine, zarte Wichtel winken den drei Reisenden aufgeregt zu. Die meisten haben glatte, dunkle Haare. Ihre Augen sind dunkelgrün wie die Augen Salvits.

„Hallo!“, „Willkommen!“, „Seid gegrüßt!“, „Hallo, Salvit!“, „Friede sei mit euch!“, „Hey, Hirundo!“, ertönt es von allen Seiten.

Salvit und Puck werden von vielen Wichteln umarmt. Eines davon hat lange, weiße Haare. Und viele Falten im Gesicht. Und ein ganz besonderes Lächeln.

„Das ist Platigas, unser Präsident“, flüstert Salvit.

„Ihr habt keinen König und auch keine Königin?“ Puck ist erstaunt.

„Die hatten wir nie. Unser Staatsoberhaupt wird von allen Legolits gewählt, nur von den Erwachsenen natürlich. Immer wird das weiseste, gütigste und gerechteste Wichtel gewählt.“

„Gewählt?“, fragt Puck. „Wie macht ihr das?“

„Ganz einfach. Jedes Wichtel schreibt auf, wen es als Präsident oder Präsidentin haben will. Die Zettel werden dann eingesammelt. Dasjenige Wichtel, dessen Name auf den meisten Zetteln steht, wird dann Präsident.“

„Oder Präsidentin“, ergänzt Puck.

„Genau“, grinst Salvit.

Puck weiß nicht, dass die Legolits eine besondere Fähigkeit haben: Sie können Gedanken lesen. Nicht wirklich, aber sie können spüren, ob sie jemandem vertrauen können oder nicht. Oder ob jemand etwas Böses vorhat. Oder etwas Gutes. Für die Legolits ist das völlig normal. Darum reden sie auch nicht oft darüber, auch Salvit nicht. Diese besondere Fähigkeit aber ist der Grund, warum sich die Legolits bis jetzt noch nie geirrt haben bei der Wahl des Präsidenten. Oder der Präsidentin.

Wie es dazu gekommen ist? Begonnen hat es damit,

dass sich einige Wichtel bemüht haben, ein anderes Wichtel nicht gleich blöd zu nennen, nur weil er etwas Dummes gesagt hat. Oder weil er eine andere Meinung hat. Oder eine andere Kleidung. Oder nicht gleich alles kapiert. Oder gar, weil das jemand anderer behauptet. Diese Wichtel haben angefangen, aufmerksam, tolerant und friedlich zu sein. Je mehr sie versucht haben, andere zu verstehen, desto besser ist ihnen das auch gelungen, das Tolerant-und-friedlichsein. Aus diesen wenigen Wichteln wurden mehr, im Laufe von vielen Jahren immer noch mehr. Jetzt ist es ein ganzes Volk, das Volk der Legolits. Es ist aufmerksam, tolerant und friedlich. Mit dem Wichtelgesetz hat kein einziges Legolitwichtel ein Problem. Kein Wunder, die Legolits haben es ja auch schon viel länger als alle anderen Völker in ganz Waldenland.

Puck und Salvit hören Flötenmusik. Neugierig gehen sie dem Klang nach.

„Oh, wie schön“, rufen beide gleichzeitig.

Puck reißt erstaunt ihre Augen auf. So etwas hat sie noch nie gesehen. Legolitwichtel tanzen. Sie tanzen nicht am Boden, sie schweben in der Luft. Über Blumen und Gräsern bilden sie Kreise und Figuren. Ihre durchsichtigen Flügel schimmern blau und golden, fangen Sonnenlicht, Himmel und die Farben der Blumen ein!

Puck ist hingerissen, auch Salvit. Wie immer bewundert sie die anmutigen Bewegungen ihrer Schwestern und Brüder.

Der Tanz ist zu Ende. Die Legolits sitzen in kleinen Gruppen auf Gräsern und Blumen. Mit Honig gefüllte Schalen werden verteilt. Die Wichtel nehmen Kleeblätter und tauchen diese in den Honig. Puck kostet vorsichtig. Sie liebt Honig, hat aber noch nie ein Kleeblatt darin eingetaucht. „Schmeckt das aber gut!“, ruft sie erfreut und merkt erst jetzt, wie hungrig sie ist.

Auch Hirundo ist hungrig und verabschiedet sich. Honig ist nicht gerade die richtige Nahrung für eine Rauchschwalbe, er geht lieber auf Insektenfang.

„Bis bald!", ruft Hirundo, und weg ist er.

Einige Wichtel wollen ihn begleiten. Es bleibt aber beim Wollen. Bevor sie sich richtig erhoben haben, ist Hirundo nur noch ein glitzernder Punkt am Himmel, weit, weit entfernt.

Moorgeister gibt es wirklich

Clevola, ein junges Wichtelmädchen, setzt sich zur Gruppe um Puck und Salvit. „Wir besuchen heute die Moorgeister, wer kommt mit?“

Das süße Kleeblatt bleibt Puck fast im Hals stecken. Erst nach einem fürchterlichen Hustenanfall kann sie stottern: „Zu den Moorgeistern? Gibt es die wirklich?“

„Was glaubst du denn? Natürlich gibt es Moorgeister. Sie wohnen im Moor und bewachen es. Sie treiben Späße und necken alle Lebewesen, die sich aufs Moor trauen.“

„Ihr besucht sie? Einfach so? Tun sie euch denn nichts?“, fragt Puck atemlos.

„Nein, warum denn? Wir kennen uns im Moor ja aus, schließlich wohnen wir da. Außerdem können wir fliegen wie die Moorgeister. Nur, ihre Körper leuchten und unsere nicht. Wenn die Moorgeister herumschwirren, sieht das aus wie ein Geistertanz, was es ja auch ist. Trotzdem ziemlich unheimlich. Vor allem für Wichtel und Tiere, die das nicht wissen. Die erschrecken dann und wollen davonlaufen. Das ist aber sehr gefährlich. Wenn sie die falsche Richtung nehmen, kommen sie immer weiter ins Moor. Wenn sie Pech haben, versinken sie darin.“

„Trotzdem seid ihr mit diesen Moorgeistern befreundet?“ Puck ist schockiert.

„Warum denn nicht? Moorgeister sind klug und hilfsbereit. Wir können nur von ihnen lernen.“

„Aber sie wissen doch, dass sie Wichtel und Tiere erschrecken und ins Moor treiben! Warum tanzen sie vor ihnen her? Sie müssen doch wissen, dass ihre Körper leuchten!“

„Natürlich wissen sie das. Aber Moorgeister sind Moorgeister, Geister eben. Sie haben ihre eigenen Gesetze. Sie bewachen das Moor. Sie wollen verhindern, dass es zerstört wird. Das Moor ist außerdem gefährlich. Gefährlich für jene, die die trockenen Wege nicht kennen. Das aber wissen sowohl Tiere als auch Wichtel, vor allem, wenn sie in Moornähe wohnen."

„Die Moorgeister erschrecken nur die, die sich nicht auskennen", sagt nun Salvit. „Sie glauben, dass das Moor durch sie gefährdet ist, und wollen sie schnell wieder loswerden. Darum zeigen sie denen, die sich verirrt haben, den richtigen Weg, den Weg aus dem Moor. Sie tanzen einfach vor ihnen her. Leider kapieren das nicht alle. Vor allem diejenigen, die vor Schreck nicht mehr denken können und ins Verderben laufen. Das geschieht aber nicht oft."

„Euch passiert nichts? Und mir auch nicht, wenn ich mit euch gehe?" Puck ist noch skeptisch.

„Nein, natürlich nicht. Seit Jahrhunderten erhalten wir von den Moorgeistern das Feuer für die Winterhöhle. Sie haben uns auch sichere Wege durch das Moor gezeigt. Manchmal wollen Tiere Waldenland verlassen und wählen den Weg über das Moor. Manchmal kommen Wichtel aus anderen Völkern ins Legolitreich und wollen Moorland kennenlernen. Wir bringen alle sicher ans Ziel. Die Moorgeister helfen uns dabei. Du kannst ruhig mit uns kommen!"

„Vielleicht, ich werde es mir überlegen." Puck ist noch immer nicht überzeugt.

Plötzlich erheben die Legolitwichtel ihre Köpfe und lauschen. Puck lauscht auch, hört aber nichts. Clevola und einige andere Wichtel springen auf und fliegen schnell davon.

„Ein Tier hat um Hilfe gerufen. Die Wichtel sind auf dem Weg zu ihm", erklärt Salvit, noch bevor Puck nach dem Grund dieses Aufbruchs fragen kann.

„Komisch, ich habe nichts gehört.“ Pucks runde Augen sind jetzt noch runder.

„Echt?“, fragt Salvit erstaunt. „Vielleicht sind bei den Tillen nicht so oft Tiere verletzt. Bei uns passiert dauernd etwas. Ich kann mir vorstellen, dass das Gehör der Legolits deshalb schärfer ist. Wir hören den Hilferuf eines verletzten Tieres sehr weit, viel weiter als andere Geräusche. Darüber habe ich noch nie nachgedacht.“

„Aha“, sinniert Puck. „Je öfter ich etwas tue, desto besser kann ich es, eigentlich logisch. Das funktioniert sogar beim Hinhören, spannend.“

Clevola erscheint wieder und ruft aufgeregt: „Eine ganz junge Maus hat eine böse Wunde. Zwei Wichtel machen gerade Umschläge aus frischen Huflattichblättern. Außerdem müssen sie das Mausebaby trösten, es ist allein. Niemand weiß, wo seine Mutter ist.“

„Dann muss es ja verhungern!“, ruft Puck erschrocken. „Ein Baby kann doch nur Milch trinken!“

„Keine Sorge, ein Wichtel ist schon unterwegs, um Milch zu holen. Wir sind mit vielen Mäusefamilien befreundet, da gibt es immer Babys und Milch. Ich fliege jetzt zum Moor, vielleicht entdecke ich die Mutter. Das Baby haben wir ja in der Nähe gefunden. Am Ende ist die Mutter in irgendeiner Gefahr.“

Salvit erhebt sich. „Ich komme mit dir. Immerhin sehen vier Augen mehr als zwei. Entschuldige, Puck.“ Weg sind sie.

Puck wandert unruhig umher. „Warum nur habe ich keine Flügel“, ärgert sie sich. „Ich möchte so gerne helfen, die Maus zu finden.“

Puck begegnet schrecklichen Monstern

Das Legolitvolk hat sich längst zerstreut. Die meisten Wichtel sind damit beschäftigt, Heilkräuter zu sammeln. Es gibt davon eine Vielzahl. Johanniskraut, Hirtentäschel, Kamillenblüten, Ringelblumen, Salbei und Thymian sind nur einige davon. Für die zarten Legolits ist es gar nicht so einfach, Blätter oder Blüten zu pflücken, vor allem dann, wenn diese groß sind oder rau. Manche Kräuter müssen ausgepresst, andere wieder getrocknet werden. Fast alle aber werden in die Winterhöhle gebracht und dort gelagert. Den Transport in das Winterquartier besorgen Hirundo und seine Verwandten. Derzeit befinden sich nur wenige Schwalben bei den Legolits, das große Sammeln hat gerade erst begonnen.

„Schwalben?" Puck unterbricht ihre unruhige Wanderung. „Genau, Schwalben!" Und schon ist sie dabei, eine Glockenblume hinaufzuklettern. Vielleicht wird sie von einer Schwalbe entdeckt.

Puck hat Glück. Eine junge Rauchschwalbe lässt sich neben ihr nieder.

„Sei gegrüßt, schöne Schwalbe", sagt Puck höflich. „Könntest du mir einen Gefallen erweisen?"

„Was kann ich für dich tun, kleines Tillenwichtel?", antwortet die Schwalbe geschmeichelt. Sie dreht und wendet sich, damit ihr Gefieder die Sonnenstrahlen einfängt.

„Ich würde so gerne zum Moor fliegen. Selbst habe ich ja keine Flügel. Zu Fuß ist es einfach zu weit!"

„Zum Moor?", fragt die Schwalbe zweifelnd. „Ist es da nicht zu gefährlich für ein kleines Tillenwichtel?"

„Ich pass schon auf. Außerdem sind meine Freundinnen dort. Das sind Legolitwichtel.“ Puck ist ein wenig eingeschnappt. Trotzdem fleht sie mit bewundernder Stimme: „Bitte, wunderschöne Schwalbe, flieg mich hin!“

Die Schwalbe kann nicht widerstehen. Endlich jemand, der ihre Schönheit erkennt. „Komm, steig auf, kleines Wichtelmädchen“, erwidert sie großmütig.

Das lässt Puck sich nicht zweimal sagen, schon ist sie auf dem Weg zum Moor.

Die Schwalbe fliegt sehr tief. Sie weiß, dass Puck ihre Legolitfreundinnen sucht. Doch so angestrengt Puck auch schaut, sie kann die beiden nirgends entdecken.

Inzwischen ist es schon fast dunkel.

„Wir fliegen zurück, kleines Wichtelmädchen“, sagt die Schwalbe bestimmt. Sie wendet mit einem eleganten Bogen.

„Setz mich bitte hier ab!“ Puck ist beleidigt. Erstens hat ihr niemand etwas zu befehlen und zweitens ist sie kein kleines Wichtelmädchen. Immerhin ist sie schon fast erwachsen. Zumindest wird sie bald fast erwachsen sein. Außerdem, was glaubt diese eingebildete Schwalbe eigentlich? Der wird sie es noch zeigen!

Pucks „Danke!“ klingt ziemlich schnippisch. Sie ist weg, ehe noch die Schwalbe ihren erstaunt geöffneten Schnabel schließen kann.

„Unhöfliches kleines Ding!“, murmelt sie kopfschüttelnd und fliegt hoch in die Luft. Im Nu ist sie von der Dämmerung verschluckt.

Puck bewegt sich sehr schnell. Sie blickt aufmerksam um sich, kann aber weder Clevola noch Salvit entdecken. Sie weiß nicht, dass die beiden die jämmerlich piepsende Muttermaus schon lange gefunden haben. Sie weiß auch nicht, dass die Rettung nur mithilfe der Moorgeister möglich war. Dass Clevola und Salvit das Moorgebiet bereits verlassen haben, weiß Puck auch nicht.

Sie bleibt zögernd stehen. Soll sie es wagen? „Das Moor ist gefährlich. Gefährlich für jene, die die trockenen Wege nicht kennen“, hört sie Clevolas Stimme.

Andererseits, hat Salvit nicht gesagt, die Moorgeister zeigen Verirrten den Weg und nur Ängstliche laufen in die falsche Richtung? Ängstliche, dazu gehört Puck ganz bestimmt nicht!

Sie betritt vorsichtig einen schmalen Pfad. Schritt für Schritt bewegt sie sich weiter, immer weiter in die gefährliche Moorlandschaft. Es ist schon fast dunkel. Riesige Gräser ragen unheimlich aus dem Boden. Ihre Halme sind wild und feindlich. Sie sehen aus, als wollten sie sich jeden Augenblick auf Puck stürzen. Das Wichtelmädchen zittert.

„Kleines Wichtelmädchen! Ha! Ganz schön von sich eingenommen, diese Rauchschwalbe!“ Puck geht verbissen weiter. „Mir wird schon nichts passieren. Ich kann ja auf mich aufpassen. Außerdem bin ich nicht ängstlich. Ich bin mutig. Und klug. Erschrecken lass’ ich mich sowieso nicht, nie!“, murmelt sie. Und zittert. Und merkt das gar nicht.

„Die Moorgeister!“ Puck hat sich nun doch erschrecken lassen. Sie ist sogar starr vor Schreck. Vor ihr, hinter ihr, neben ihr, überall tanzen kleine Gestalten. Rot, orange, blau leuchtend und flimmernd bewegen sie sich auf und ab, hin und her, schnell und immer schneller.

Plötzlich sind es keine tanzenden Lichter mehr. Es sind riesige, Furcht erregende Figuren. Sie bewegen sich. Sie wechseln ihre Gestalt. Sie sehen immer schrecklicher aus. Da gibt es Masken mit riesigen Augen, gefletschten Zähnen und höhnisch grinsenden Mündern. Dann Gestalten mit Pranken und langen Fingernägeln, die sich plötzlich in Vögel oder Schlangen verwandeln. Sie alle kommen auf Puck zu. Bevor sie diese aber erreichen, wird aus der Schreckgestalt ein Mondgesicht, freundlich lächelnd.

Puck schreit auf: „Monster, schreckliche Monster! Die

hat Clevola verschwiegen! Und Salvit auch!“ Pucks Knie zittern. Sie beginnt zu laufen. Sie will nur fort von hier, egal, wohin!

„Das Weglaufen ist gefährlich. Die Moorgeister zeigen den Verirrten den Weg aus dem Moor. Sie tanzen vor ihnen her.“ Hat das nicht Salvit gesagt? Pucks Gedanken rasen.

„Sind die Monster vielleicht gar keine Monster? Sind das am Ende die Moorgeister, die mit mir ihre Geisterspäße treiben? Wenn ich jetzt stehen bleibe, tanzen sie dann vor mir her und zeigen mir den Weg zurück?“

Puck bleibt stehen. Noch immer zittern ihre Knie. Ihr Herz schlägt bis zum Hals. Sie kann aber wieder ruhig denken. Sie zwingt sich, auch stehen zu bleiben und nicht wieder loszulaufen.

Und wirklich! Die schrecklichen Figuren werden wieder zu kleinen, leuchtenden Körpern, die, auf und ab schwebend, ihr den Weg weisen.

Puck folgt ihnen, Schritt für Schritt, vorsichtig nach. Wie im Traum geht sie durch das Moor. Als der Spuk verschwunden ist, sinkt sie erschöpft zu Boden. Puck schläft ein.

Pucks neuer Freund

Im Traum – oder ist es Wirklichkeit? – hört sie die schöne, eitle Rauchschwalbe sprechen: „Hier habe ich das Tillenwichtel abgesetzt. Ein bockiges kleines Ding. Und außerdem undankbar. Und leichtsinnig, sie wollte unbedingt zum Moor."

„Diese leichtsinnige Puck", hört sie Platigas Stimme.

Dann die von Clevola und Salvit: „Da ist sie, heil und unversehrt! Und schläft!"

„Bringen wir sie zurück, aber vorsichtig, damit sie nicht aufwacht", flüstert jemand weit, weit entfernt – und Puck hört und fühlt nichts mehr.

„Hatschi!" Puck reibt sich einen Sonnenstrahl von der Nase, oder versucht es wenigstens.

„Guten Morgen, kleines Wichtelmädchen!"

Mit einem Satz ist Puck auf dem Boden. „Du eingebildete Rauchschwalbe! Ich bin kein kleines Wichtelmädchen!", ruft sie zornig.

„Nein?" Erstaunt betrachtet die Schwalbe das Tillenwichtel. „Bist du ein großes Wichtel? Tatsächlich – du bist größer als die Legolits. Aber gegen mich bist du doch ziemlich klein, nicht?"

„Ich bin ja auch keine Schwalbe", erwidert Puck würdevoll.

„Wie heißt du eigentlich, große Schwalbe?"

Die Rauchschwalbe erhebt sich und macht vor Puck eine elegante Verbeugung. „Darf ich mich vorstellen? Mein Name ist Hiro vom Volk der Hirundinidae.

„Hiro vom Volk der was?"

„Hiro vom Volk der Hirundinidae, klei… junges Wichtelmädchen. Doch bemüh dich nicht", lacht die Schwalbe. „Mein Name ist zu schwierig für die Zunge eines Wichtels, sei es auch noch so groß. Und nun leb wohl, Puck, bald fast ganz erwachsenes Wichtel vom Volk der Tillen. Zu lange habe ich dich schon mit meiner Gegenwart beehrt." Hiro verbeugt sich liebenswürdig und schwingt sich hoch hinauf in den Himmel.

„Du bist ja doch eine eingebildete Rauchschwalbe, Hiro vom Volk der Hirundingsda!", ruft Puck aufgebracht. Dann muss sie lachen, dieser Vogel ist auch zu komisch.

Puck ist wieder allein. Sie ist hungrig, sehr sogar. Sie klettert auf eine Glockenblume, um ein wenig Nektar und Blütenstaub zu naschen. Doch statt Nektar und Blütenstaub findet sie Salvit, fest schlafend.

„Salvit! Langschläferin! Die Sonne steht am Himmel! Die Blütenköpfe sind geöffnet! Der Tag ist warm und freundlich und du schläfst!"

Salvit blinzelt. „Es war eine lange Nacht, ich bin ziemlich müde. Wir haben lange nach dir gesucht! Erst im Morgengrauen konnten wir dich finden und hierher bringen. Ich habe mir große Sorgen um dich gemacht, und nicht nur ich."

„Nach mir gesucht? Aber warum denn?", fragt Puck erstaunt. Plötzlich wird sie blass. „Das Moor! Ich habe die Moorgeister gesehen! Oh, Salvit, es war schrecklich!"

Pucks Knie zittern, fast wäre sie von der Blume gefallen. Dann sieht sie die Legolitwichtel. Müde recken sie ihre Köpfe aus den Blütenkelchen der Glockenblumen. Einige reiben sich verschlafen die Augen, andere gähnen herzhaft. Viele verschwinden gleich wieder.

„Das tut mir so leid, am liebsten würde ich es ungeschehen machen. Aber das geht ja nicht!", stöhnt Puck. „Könnt ihr mir verzeihen?" Am liebsten wäre sie weit fort.

„Du wolltest ja nur helfen“, hört sie nun Platigas beruhigende Worte. „Außerdem hast du klug und überlegt gehandelt, als du in Gefahr warst. Es ist vorbei – und niemand ist dir böse.“

Puck ist erleichtert. Platigas hat sie sogar für ihr kluges Handeln gelobt. Wieso aber weiß er, warum sie eigentlich zum Moor fliegen wollte? Puck ist verwirrt.

„Komisch“, murmelt sie. Dann denkt sie wieder an die Moorgeister. Sie ist froh, dass sie so gut aufgepasst hat, als Clevola und Salvit von der Moorgeisterspaßschreckrettungsidee erzählt haben. Puck geht es wieder gut, ihr ist ein langes Wort eingefallen!

„Hallo, fast erwachsenes Tillenwichtel!“, ertönt es hoch aus der Luft. „Ich bin es wieder, Hiro vom Volk der Hirundinidae.“

Mit vollendeter Grazie landet die Rauchschwalbe vor Puck. „Darf ich dich einladen zu einem Flug ins Reich der Seebilben? Ein böser Sturm ist angesagt und Platigas, der weise und edle Herrscher über das liebliche Volk der Legolits hat mich ausersehen, die Seebilben zu warnen. Begib dich auf meinen Rücken, bald fast ganz erwachsenes Wichtel vom Volk der Tillen, und halte dich fest. Denn weit ist es zum Teich, schnell ist mein Flug und hoch!“

Lachend springt Puck von der Höhe der Glockenblume auf Hiros Rücken. „Vielen Dank, schöne Rauchschwalbe, Hiro vom Volk der Hirundingsda. Salvit darf doch mitkommen?“

„Es ist mir eine große Ehre, dich auf meinen Rücken tragen zu dürfen, Salvit vom Volk der Legolits!“ Hiro verbeugt sich vor Salvit, die nun kichernd hinter Puck Platz nimmt. Diese Rauchschwalbe redet urkomisch. Das finden jedenfalls die beiden Freundinnen.

„Leb wohl, Platigas, leb wohl, Clevola, lebt wohl, ihr Wichtel!“, rufen sie.

Hiro vom Volk der Hirundinidae erhebt sich in die Luft. Viele Legolitwichtel begleiten sie, so weit sie können. Und das ist nicht besonders weit.

Beim Volk der Seebilben

Ein Entenkind hat seine Familie verloren

Das Stockentenküken ist aufgeregt. Es läuft vor und zurück. Es läuft im Kreis. Es schnattert und piepst. Es ist ganz allein.

Puck sitzt auf einer Blutweiderichpflanze und schaut dem Entenkind interessiert zu. Warum es wohl so aufgeregt ist? Wo ist eigentlich seine Familie? Puck sitzt schon eine ganze Weile am Teichufer. Fast am Teichufer, die wenigen Schritte zum See hat sie noch nicht gewagt. Immerhin ist das die Stelle ihrer Enteneierbeschmieraktion. Klar, dass sie daran nicht besonders gerne denkt, genau genommen, gar nicht. Seebilben hat sie auch noch keine gesehen, keine einzige. Hiro ist längst wieder ins Legolitreich zurückgeflogen. Alba, die Seebilbenkönigin, hat er bestimmt schon vor dem nahenden Sturm gewarnt. Salvit ist vorausgeflogen, allein. Die sitzt sicher schon bei den Seebilben und amüsiert sich. Nur Puck sitzt noch hier.

„Hierher zu fliegen war keine gute Idee", seufzt sie bekümmert. „Ausgerechnet eine Stockente muss mir über den Weg laufen."

Puck beobachtet jetzt das kleine Tier genauer. Sie stutzt. Das Entenbaby hat ja Angst, eindeutig Angst! Und sie sitzt schon ewig hier oben und hat es nicht einmal bemerkt. Sie war ja damit beschäftigt, sich zu bedauern.

Puck klettert schnell von der Pflanze und eilt zum Entenkind.

„Was ist denn los mit dir, kleine Stockente?", fragt sie mitleidig.

Das Tier bleibt stehen. „Meine Familie, ich finde meine

Familie nicht mehr. Ich habe mich zu weit von ihr entfernt! Auf einmal waren alle fort!“

„Warte, ich helfe dir.“ Puck bemüht sich, die kleine Stockente zu beruhigen. Kann Puck denn der Ente wirklich helfen? Ihre Familie ist sicher irgendwo am Teich, aber wo? Vielleicht ist sie sogar am anderen Ufer des Teichs, weit entfernt? Puck ist unschlüssig. Am Ende begegnet sie gar Sana? Wie unangenehm! Puck wird ganz heiß.

„Ich kann doch deswegen das arme Küken nicht seinem Schicksal überlassen“, sagt sie besorgt. „Da müsste ich mich ja wirklich schämen!“ Puck fasst einen Entschluss.

„Komm, kleines Küken, wir schwimmen über den Teich. Bestimmt ist deine Mutter dort. Darf ich mich auf deinen Rücken setzen? Ich kann nämlich nicht schwimmen.“

Ente und Wichtel bewegen sich vorsichtig durch den dichten Seggen- und Schilfgürtel. Sie schwimmen durch weiß blühendes Pfeilkraut, hohes Schilfrohr und Binsen. Endlich haben sie das freie Wasser erreicht.

Es ist drückend heiß, der Himmel fast wolkenlos. Ganz weit entfernt bewegt sich ein kleines, weißes Wölkchen. Libellen, Mücken, Wassermotten und was sonst noch an Insekten den Teich bevölkert, fliegen tief über dem Wasser.

Die Ente gleitet schnell dahin. Plötzlich ist sie ganz aufgeregt. „Dort muss sie sein, dort muss meine Mutter sein! Ich weiß es ganz genau, auch wenn ich sie noch nicht sehen kann!“

Tatsächlich, aus dem dichten Schilf kommt eine Entenfamilie, voran die Mutter und hinter ihr, ordentlich aufgereiht, ihre Kinder. Sie steuern auf das verlorene Entlein zu.

Die Wiedersehensfreude ist groß. Alle schnattern aufgeregt durcheinander.

„Danke dir, Tillenwichtel“, sagt die Entenmutter gerührt. „Danke, dass du mir mein Kind gebracht hast. Übrigens, mein Name ist Sana.“

Puck wird blass. „Sana!“, flüstert sie entsetzt. „Oh, Sana! Ich bin es, Puck. Apa hat dir sicher von meinem dummen Streich erzählt. Damals habe ich noch Amona geheißen. Ich kann dir gar nicht sagen, wie leid mir alles tut!“ Pucks Stimme zittert ein wenig. Sie kämpft mit den Tränen.

„Oh!“, sagt Sana, und noch einmal: „Oh!“ Sie schweigt lange, sehr lange. Dann versucht sie ein Lächeln. So ganz gelingt es ihr allerdings nicht. „Du hast mir mein verlorenes Küken gebracht. Dafür bin ich dir dankbar. Wir sind somit quitt.“ Das Lächeln gelingt Sana schon ein wenig besser.

Auch Pucks Stimme zittert fast nicht mehr. „Ich bin so froh, dass das verlorene Entlein ausgerechnet dein Kind ist und dass ich es dir zurückbringen konnte und dass ich dich um Verzeihung bitten kann.“ Jetzt gelingt auch Puck ein zaghaftes Lächeln.

Die Entenfamilie bringt Puck nun zu einem Seerosenblatt, genau genommen zu einem Seerosenblattteppich, ein Seerosenblatt wächst neben dem anderen. Hunderte. Na ja, bestimmt fünfzig. Oder vierzig. Jedenfalls viele. Darauf sitzen Seebilben. Das ganze Seebilbenvolk. Es ist ihr Versammlungsseerosenblattteppich. Dieses lange Wort hat Puck gerade erfunden. Es geht ihr also wieder gut.

„Endlich bist du da! Ich war schon ganz nervös!“, ruft Salvit. „Hallo, Puck, schön, dass du da bist!“, klingt es von allen Seiten. Puck muss viele Hände schütteln.

Sie winkt den Stockenten fröhlich zu. „Auf Wiedersehen, Sana! Nochmals vielen Dank! Auf Wiedersehen, Küken! Und dass ihr ja bei eurer Mutter bleibt, jedenfalls solange ihr noch geführt werden müsst!“

„Du bist mit Sana gekommen?“, „Was ist passiert?“, „Erzähle!“, „Ich platze vor Neugier!“ Die Seebilben sind ganz aufgeregt. Salvit sieht aus wie ein einziges Fragezeichen. Puck erzählt. Alle lauschen gespannt und freuen sich mit ihr.

Ein Gewittersturm kann gefährlich sein

Die Luft ist drückend heiß und schwer. Das kleine Wölkchen wird immer größer. Es ist jetzt schwarz und hängt tief am Himmel.

Puck hat ihre Erzählung beendet. Alba, die Königin der Seebilben, erhebt die rechte Hand. Die Wichtel wissen nun, Alba will ihnen etwas Wichtiges mitteilen. Sie verstummen und blicken die Seebilbenkönigin aufmerksam an.

„Hiro hat uns vor einem schweren Gewittersturm gewarnt. Wie ihr seht, wird die schwarze Wolke immer größer. Sie wird bald den ganzen Himmel bedecken, sehr bald sogar. Es wird donnern und blitzen. Und stürmen. Das heißt, wir müssen möglichst schnell den Teich verlassen!“

Einige Wichtel springen erschrocken auf. Sie wollen ins Wasser springen, um an Land zu schwimmen.

„Halt!“ Alba hält sie zurück. „Keine Panik! Hirundo ist schon mit einigen Rauchschwalben unterwegs. Die Vögel werden uns ans Ufer bringen, das geht schneller. Ihr wisst dann, was zu tun ist. Zur Erinnerung: hohe Bäume meiden, sich hinlegen und warten, bis der Zauber vorüber ist. Es ist ja nicht der erste Gewittersturm am Teich. Bis jetzt haben wir alle überstanden, heil und gesund!“

Die Seebilben beginnen nun aufgeregt zu diskutieren. Einige blicken besorgt zum Himmel. Manche Wichtel weinen, andere sind blass und stumm. Ein wenig Angst haben sie alle, und weit und breit ist keine Schwalbe zu sehen.

Puck und Salvit betrachten nachdenklich das aufgeregte Seebilbenvolk. Sie haben keine Angst. Wie denn auch, sie haben noch nie einen Gewittersturm am Teich erlebt.

Sie können nicht wissen, wie gefährlich so ein Sturm sein kann. Besonders für diejenigen, die noch am Wasser sind, wie jetzt die Wichtel.

„Kennt ihr das Lied vom Fisch?“, fragt Puck plötzlich.

„Nein!“, rufen einige Wichtel. „Ich auch nicht“, sagt Puck. „Fische können gar nicht singen!“

Einige Wichtel lachen.

„Soll ich euch zeigen, wie Fische singen würden, wenn sie singen könnten?“ Jetzt lachen schon mehr Wichtel.

„Ja, ja, zeig es uns!“ Die Seebilben sind gespannt. Schließlich kennen sie die Fische viel besser als Puck. Außerdem können Fische ja wirklich nicht singen.

„Und ihr macht mir nach, was ich euch vorzeige?“

„Ja, ja, fang nur an!“

Puck erhebt sich. Viele Wichtel stehen ebenfalls auf.

Und Puck verwandelt sich in einen Fisch. Zumindest pantomimisch. Sie presst die Beine zusammen. Dann streckt sie sich. Dann bringt sie Kopf und Körper in eine Linie. Dann macht sie mit Ellbogen und Händen Schwimmbewegungen. Schließlich singt sie. Jedenfalls sieht es so aus. Zu hören ist nichts. Wenn Fische singen, dann höchstens lautlos, wie alle wissen.

Die Seebilben bemühen sich, ihre Bewegungen nachzuahmen. Alle. Auch Königin Alba. Es gelingt ihnen sogar, mehr oder weniger. Beim Singen haben sie allerdings Schwierigkeiten. Kaum öffnen sie den Mund, kommt ein Ton heraus. Oder mehrere Töne, Kichertöne. So stehen die Wichtel da, bewegen sich wie Fische und kichern.

„Vielleicht können Fische ja kichern“, grinsen einige Wichtel. Sie haben jetzt viel weniger Angst.

„Das war eine Seebilbenwichtelfischgesangskicherpantomime!“, ruft Puck. Das ist das längste Wort, das sie jemals erfunden hat. Bis jetzt.

Endlich sind die Rauchschwalben da. Es ist höchste

Zeit. Der Himmel ist jetzt schwarz, gelb und grün. Es ist unheimlich still.

Die Wichtel klettern schnell und behände auf den Rücken der Schwalben. Jetzt ist die Angst vollkommen weg. Immer noch kichernd finden sie Schutz und Sicherheit in der Wiese.

Dann bricht die Hölle los. Das gerade noch spiegelglatte Wasser wirft hohe Wellen. Es sieht aus, als wollte es alles verschlingen, was sich auf dem Teich befindet. Bäume und Pflanzen werden vom Wind gepeitscht. Sie beugen sich tief über den Boden. Der Regen fällt so stark vom Himmel, als sollte ganz Waldenland gewaschen werden. Es blitzt ununterbrochen. Wie Speere fahren die Blitze ins Wasser. Schlag auf Schlag folgt der Donner. Es ist ein beeindruckendes Schauspiel, allerdings nicht für die Wichtel. Diese liegen unter Grasbüscheln und halten sich Augen und Ohren zu, auch Puck und Salvit.

Plötzlich wird es ruhiger. Hier und da zuckt noch ein Blitz. Der Donner ist kaum mehr zu hören. Es fallen nur noch wenige Regentropfen. Die Wolken verschwinden. Der Spuk ist vorbei. Bald lacht die Sonne wieder freundlich vom Himmel. Das Wasser wird allmählich ruhiger. Es gibt seine Pflanzen wieder frei und umspielt sie sanft. Vielleicht will es sie um Verzeihung bitten? Wer weiß!

Vögel lugen vorsichtig aus dem Schilf. Sie plustern sich auf und lassen ihr Gefieder in der Sonne trocknen.

Auf der Wiese jubeln die Seebilben. Sie tanzen mit Salvit und Puck einen Bobo. Das ist ein Freudentanz. Alle Wichtel kennen ihn. Es gibt keine bestimmte Melodie dazu, keinen bestimmten Rhythmus, keine bestimmten Tanzschritte oder Figuren. Nichts ist vorgeschrieben, alles ist möglich. Jedes Wichtel tanzt, wie es ihm gerade gefällt. Es tanzt allein oder mit anderen. Hände schütteln, Verbeugungen machen, in die Luft springen, sich im Kreis drehen, oder was ihm sonst noch einfällt. Wichtig ist, dass es Spaß macht und den Wichteln macht es Spaß. Alle tanzen mit, auch Königin Alba.

Puck lernt schwimmen

Puck liegt auf einem Seerosenblatt und schaut sehnsüchtig ins Wasser. Es ist ja auch zu dumm. Die Wichtel schwimmen und spielen Fangen. Sie treiben Späße mit einem großen, dicken Fisch, den sie Leti nennen. Und Puck kann nur zuschauen, höchstens Arme und Beine ins Wasser strecken. Das ist auch schon alles.

„Komm doch herein, wir bringen dir das Schwimmen schon bei!“, rufen die Seebilben immer wieder. Doch Puck wagt es nicht. Einmal war sie schon fast im Wasser. Dann ist ihr das Abenteuer mit Sana wieder eingefallen, schon war sie wieder draußen auf dem sicheren Seerosenblatt!

Wenn wenigstens Salvit mutiger wäre! Aber das Legolitwichtelmädchen hat überhaupt keine Lust, auch nur eine Zehenspitze ins Wasser zu strecken. Salvit sitzt lieber bei den Vögeln und lässt sich von ihnen Geschichten erzählen.

Puck überlegt. Sie hat zwei Möglichkeiten. Entweder sie bleibt auf dem Seerosenblatt sitzen und langweilt sich, oder sie wagt den Sprung ins Wasser, lässt sich das Schwimmen beibringen und langweilt sich nicht.

„Ich will mitspielen!“, ermuntert sie sich selbst. „So lerne ich eben schwimmen, ganz einfach! So ist es, ganz einfach! Genau! Ich muss nur ins Wasser springen! Ganz einfach! Immerhin sind die Seebilben da! Die haben mich schon einmal aus dem Wasser gezogen. Ganz einfach! Ich lerne schwimmen! Also los, auf ins Wasser!“

Doch Puck liegt noch immer auf dem Seerosenblatt. Das Einzige, das mit dem Wasser in Berührung kommt, sind ihre Hände.

Dann springt sie auf. „Wichtel vom Volk der Seebilben! Ich, Puck vom Volk der Tillen, will schwimmen lernen, sofort!“ Und schon liegt sie im Wasser! Auf dem Bauch! Und schnappt nach Luft! Von allen Seiten kommen Seebilben auf sie zu und fangen sie auf.

Über diesen Anfall von Mut ist Puck ziemlich erstaunt, allerdings erst viel später. „Weil ich unbedingt im Wasser spielen wollte, war meine Angst plötzlich weg. So ist das also, spannend!“ Diese Erkenntnis erstaunt sie dann noch mehr.

Jetzt ist sie dabei, Schwimmen zu lernen, was ihr gar nicht so schwierig vorkommt. Im Gegenteil, äußerst einfach, sie hat ja auch keine Angst mehr! Bald ist sie eine gute Schwimmerin.

Die Seebilben schwimmen gerne und viel. Sie haben hellblonde Haare, grüne Augen und eine braune Haut, etwas heller als die der Tillen. Ihre Wohnungen sind Seerosen, die ja nur im Sommer blühen. Deshalb verbringen sie den Winter im Winterquartier, sie würden sonst sicherlich erfrieren. Oder verhungern. Wahrscheinlich beides gleichzeitig.

Wie alle Wichtelvölker haben auch die Seebilben für das gemeinsame Überwintern Beiträge zu leisten. So ist es ihre Aufgabe, für Behaglichkeit in der Winterhöhle zu sorgen. Außerdem beschaffen sie auch Nahrungsmittel. Die Seebilben sammeln Flaumfedern und fertigen daraus warme Decken. Aus den Blütenrispen des Schilfrohrs entstehen Teppiche und Matratzen. Algen, Tausendblatt und Laichkraut werden aus dem Wasser geholt und getrocknet. So gewinnen sie Gemüse.

Vögel legen Eier, damit sie ausgebrütet werden, schließlich schlüpfen aus ihnen ja ihre Jungen. Es kommt aber vor, dass sie den Seebilben welche schenken, allerdings nicht sehr oft. Die Wichtel freuen sich sehr darüber. Sie bringen diese besonderen Leckerbissen sofort in das Winterquartier und legen sie vorsichtig in Tonkrüge, die mit Wasser und Kalk gefüllt sind. Die Eier sind dadurch auch im Winter noch genießbar, jedenfalls die meisten.

Puck ist sehr stolz. Sie kann jetzt schwimmen und tauchen. So gut, dass sie sogar beim Sammeln der Wasserpflanzen mithelfen kann. Überhaupt findet sie, dass der Aufenthalt im Wasser etwas ganz Besonderes und Herrliches ist.

Und erst die Spiele mit Leti, dem uralten Karpfen! Dieser liegt am liebsten im Schlamm und träumt vor sich hin. Manchmal aber lässt er sich von den Seebilben zum Wettschwimmen überreden. Leti ist der einzige Fisch, den die Seebilben besiegen können. Nicht etwa, weil er nicht so schnell ist wie die anderen Fische, Leti ist ein guter und schneller Schwimmer! Er freut sich aber, wenn sich die Wichtel freuen. Und die freuen sich, wenn sie gewinnen. So lässt er sie eben gewinnen!

Puck hat Leti auch schon besiegt. Sie war darüber ganz begeistert! Sie hat den alten, dicken, bemoosten Karpfen sofort und schrankenlos in ihr Herz geschlossen.

Puck und Salvit begegnen einer Wassernixe

Es ist Pucks und Salvits letzter Abend im Reich der Seebilben. Morgen müssen sie weiter, sie wollen ja vor Anbruch des Winters auch die anderen Völker kennenlernen. Das sind immerhin noch drei.

Die Sonne ist orange und riesengroß, der Himmel leuchtet in allen Farben. Puck und Salvit können sich am Farbenspiel des Sonnenuntergangs einfach nicht sattsehen und genießen dieses Schauspiel jeden Abend.

Puck seufzt. Die Welt ist so schön, dass ihr manchmal das Herz wehtut vor Freude und Glück!

„Komisch", sinniert Puck. „Wieso tut mir das Herz weh, wenn ich mich freue? Ob das anderen Wichteln auch so geht? "

„Wahrscheinlich", meint Salvit. „Mir geht es genauso. Erstaunlich, das ist mir noch nie aufgefallen!"

Die Sonne ist nun untergegangen. Der tiefrote Himmel spiegelt sich im Wasser. Das Seebilbenreich ist in leuchtendes Licht getaucht, das langsam verlischt.

„Hallo, ihr beiden!" Puck und Salvit hören eine glockenhelle Stimme. Sie springen auf. „Bleibt doch noch ein bisschen da!" Die beiden Freundinnen schauen und schauen, sehen aber niemanden.

„Hier bin ich, hier, auf dem Teichrosenblatt direkt vor eurer Nase!" Tatsächlich! Wenige Schritte vom Ufer entfernt sitzt ein Mädchen. Sie ist wunderschön. Sie hat ein ganz blasses Gesicht und Augen, die größer sind als die der Legolits und grüner als die der Seebilben. Und ganz lange Haare, grün, grasgrün. Aber was ist das?

„Sie hat ja gar keine Beine", flüstert Puck.

„Sie hat einen Fischschwanz", flüstert Salvit.

Sie schauen das seltsame Wesen entgeistert an. Dann flüstern beide gleichzeitig: „Eine Nixe, eine echte Wassernixe!"

„Bist du wirklich eine Nixe? Wohnst du wirklich im Wasser?", fragt Puck jetzt laut.

„Ja", lächelt das Mädchen. „Mein Name ist Regia. Seid ihr Wichtel? Ihr seht aber anders aus als die Wichtel vom Teich. Wer seid ihr denn?"

„Ich bin Salvit vom Volk der Legolits. Ich komme aus dem Süden Waldenlands", erklärt Salvit.

Puck sagt: „Ich heiße Puck und bin ein Tillenwichtel. Meine Heimat ist nahe dem Tanngebirge."

„Du also bist Puck!" Nachdenklich blickt Regia auf das Tillenwichtel. „Heißt du in Wirklichkeit nicht Amona?"

„Du hast von mir gehört?", fragt Puck atemlos.

Regia nickt. „Nur Gutes, in letzter Zeit jedenfalls. Ich wollte dich gern richtig kennenlernen. Dich auch, Salvit. Das ist aber gar nicht so einfach. Nixen dürfen nur einmal im Monat den Himmel sehen, und dann nur zwischen Dämmerung und Nacht. Ich bin so froh, dass ich euch tatsächlich getroffen habe. Ich habe gar nicht mehr daran geglaubt."

„Gibt es viele Nixen im Teich?", fragt Salvit.

„Sind alle Nixen so schön wie du?", will Puck wissen.

„Wollt ihr nicht mit mir kommen? Es ist nicht weit und nicht gefährlich. Ihr könnt euch an mir festhalten."

„Oh, ja!", ruft Puck begeistert.

Salvit schüttelt den Kopf. „Der Teich ist jetzt so dunkel, mir kommt er unheimlich vor."

Regia sagt nun mit eindringlicher Stimme: „Kommt doch, kommt! Schön ist es im Wasser und kühl! Gefallen wird es euch in meinem Reich. Nie wieder werdet ihr zurück wollen zu euren Völkern! Kommt doch, kommt, schön in es im Wasser und kühl!“ Das Sprechen wird immer mehr zum Singen, zu einem wunderschönen, traurigen Lied. Sehnsüchtig streckt Regia ihre Hände nach den erstarrten Wichteln aus.

Puck und Salvit stehen entsetzt am Ufer. Sie sind froh, dass Regia sie nicht ins Wasser ziehen kann. Sie sind überzeugt, dass das die Nixe auch tun würde, wenn sie könnte.

„Kommt doch, kommt!“, drängt und lockt die glockenhelle Stimme. Langsam wird sie schwächer, schließlich verstummt sie. Die Nixe muss wieder zurück in ihr Reich. Die Dämmerung ist zu Ende, es ist bereits dunkle Nacht.

Warum sie wohl Salvit und Puck ins Wasser locken wollte? Vielleicht ist sie allein und sehnt sich nach Freundinnen. Vielleicht weiß sie nicht, dass Wichtel im Teich nicht leben können? Vielleicht sind Nixen dazu da, Wichtel ins Wasser zu locken? Vielleicht ist sie einfach nur böse? Puck und Salvit denken noch lange darüber nach. Sie finden keine Antwort, auch nicht bei den Seebilben.

„Ich wäre tatsächlich mit ihr gegangen“, stöhnt Puck, bevor sie einschläft. Sie träumt von wunderschönen Nixen, mit denen sie ins tiefe Wasser taucht.

Beim Volk
der Farnbilben

Farnbilben haben pottige Frisuren

„Sie müssen übergeschnappt sein!“

„Oder sie haben ein Maskenfest.“

„Glaubst du?“

„Nein, eigentlich nicht, Farnbilben kleiden sich immer auffallend. Sie legen auch Wert auf kunstvolle Frisuren!“

„Kunstvoll?“

„Ist das etwa nicht kunstvoll?“

Puck und Salvit halten sich die Hände vor den Mund, um nicht laut herauszuplatzen.

Wenige Schritte von ihnen entfernt spiegelt sich der Himmel in einer Pfütze. Nicht nur der Himmel, rund um die Pfütze stehen Farnbilben. Sie drehen und wenden sich und bewundern ihr Spiegelbild!

Farnbilben haben rötlich-braune Haare, braune Augen und eine helle Hautfarbe. Das heißt, so sehen sie aus, wenn die Mode nicht gerade ein anderes Aussehen vorschreibt und das tut sie oft. Die Farnbilben halten sich daran, zumindest die meisten. Wenn es modern ist, einen braunen Teint zu haben, wird die Haut mit grünen Nussschalen eingerieben. Und der Teint ist braun. Wenn es modern ist, das Haar hell zu tragen, werden die Haare Tag für Tag mit Kamillentee gespült und in der Sonne gebleicht. Und das Haar ist hell. Wenn die Mode einen Kahlkopf vorschreibt, sind schnipp, schnapp die Haare weg. Jedenfalls die Haare der ganz Modebewussten.

Jetzt ist es gerade modern, die Haare hoch zu frisieren. Damit sie auch richtig schön vom Kopf abstehen, werden sie mit Schneckenschleim verklebt.

So eine Schneckenschleimfrisur tragen jene Wichtel, die sich gerade in der Wasserpfütze bewundern und von Puck und Salvit beobachtet werden.

„Pottig, nicht?“, sagt ein Wichtel zu sich selbst und lächelt erfreut seinem Spiegelbild zu.

„Silof hat doch wirklich immer Pott-Ideen“, ruft begeistert ein anderes Wichtel. „Ja, er ist wirklich pottig!“, finden alle und sagen dies auch.

„Mir gefällt ... oh!“ Niemand erfährt, was dem Wichtel gefällt, denn Puck hat einen Stein in die Pfütze geworfen.

„Oh, meine schöne Frisur!“, „So eine Gemeinheit!“, „Und ich habe mich so geplagt!“, „Was war denn das?“

Die jetzt nassen, schmutzigen und gar nicht mehr modisch frisierten Wichtel sind sehr aufgebracht.

Dann erblicken sie Puck und Salvit, die grinsend auf einem Holzstück sitzen. Die Farnbilbenwichtel beginnen laut zu schimpfen.

„Puck, natürlich!“, „Wer denn sonst!“, „Immer diese Tillen!“, „Und Salvit ist auch dabei!“, „Nie hätte ich das von dir gedacht, Salvit!“, „Grinst nicht so blöd!“

Plötzlich ist es still. Die Farnbilben schauen einander an und lachen! Sie lachen und lachen, sie finden sich selbst ungemein komisch.

Salvit schüttelt lachend den Kopf. „Oh, Puck, das hätten wir nicht tun sollen, jetzt sind alle nass!“ Salvit hatte selbst einen kleinen Stein in der Hand. Geworfen hat sie ihn nicht, Puck war schneller.

Puck sagt mit erstickter Stimme: „Entschuldigt bitte, aber der Stein ist fast von selbst in die Pfütze gesprungen. Ich habe es einfach tun müssen! Wir helfen euch auch, damit ihr wieder sauber seid und eure Frisur wieder pottig ist!“

Noch immer lachend gehen die Wichtel zu einer nahen Quelle. Es dauert nicht lange, und die Farnbilben sind so modisch wie zuvor, jedenfalls stehen ihre Haare steif und gerade vom Kopf ab. Puck und Salvit haben ihnen bei dieser schwierigen Frisur geholfen. Fast hätten sie sich selbst so frisiert. Fast!

Wo sind die Farnbilben?

Das Farnbilbenreich ist in mehrere Farndistrikte eingeteilt. In jedem Distrikt gibt es ein Wichtel, das für die Einbringung der Wintervorräte verantwortlich ist. Es muss auch dafür sorgen, dass seine Farnbilben das Gesetz verstehen und sich danach richten. Dieses Wichtel heißt Farnmeister, wenn es ein männliches, oder Farnmeisterin, wenn es ein weibliches Wichtel ist. Die Farnbilben haben sich verpflichtet, Pilze, Wurzeln und verschiedenes Wildgemüse zu sammeln oder auszugraben. Dann wird es getrocknet. Außerdem ernten sie Brombeeren und Himbeeren. Sie stellen daraus Kompott her, wie die Tillen. Den Transport der Vorräte in das Winterquartier leitet und organisiert Hirundo, die Rauchschwalbe.

Puck und Salvit wollen den Farnbilben bei der Arbeit helfen. Einzelne Pilzsorten stehen schon an dunklen, feuchten Stellen. Manche Wurzeln haben gerade die richtige Größe. Überall wächst Gemüse. Auch viele Beeren sind bereits reif. Die beiden Wichtel kommen nur langsam vorwärts. Es ist auch schwierig für so kleine Gestalten, sich einen Weg durch das dichte Gras zu bahnen. Und durch Blumen und Farne. Und sich dabei nicht zu verirren.

Manchmal klettern sie auf einen hohen Farn, um Ausschau nach der Sonne zu halten. Diese zeigt ihnen, in welche Richtung sie gehen müssen. Außer den Farnbilben, die sie bei der Pfütze getroffen haben und die schon längst verschwunden sind, ist weit und breit kein Wichtel zu sehen.

„Wo die nur alle sind?“, stöhnt Puck und massiert sich ihre Beine.

„Wie vom Erdboden verschwunden!“, ächzt Salvit und streckt sich auf einem Farnblatt aus.

„Wunderschönen guten Tag, fast erwachsene, müde Wichtel“, erklingt plötzlich eine bekannte Stimme.

„Hiro, vom Volk der Hirundingsda!“, rufen Puck und Salvit erfreut aus. „Was treibt dich in das Reich der Farnbilben?“

„Hiro vom Volk der Hirundinidae, meine Lieben! Aber, wie ich schon erwähnte, ein zu schwieriges Wort für die Zunge von Wichteln! Ihr dürft mich also Hiro ohne Dingsda nennen!“, erwidert die Schwalbe würdevoll. „Ich bin gekommen, um euch meine Hilfe anzubieten, derer ihr offensichtlich dringend bedürft!“

„Oh, Hiro ohne Dingsda, du bist nicht nur eingebildet, sondern auch hinreißend!“, sagt Puck liebenswürdig.

„Kannst du uns in irgendeinen Farndistrikt bringen?“, fragt Salvit. „Wir haben uns entweder verirrt oder die Farnbilben haben sich versteckt. Wir sind schon einige Zeit unterwegs und ziemlich müde!“

„Hiro, ohne den Zusatz Dingsda bitte! Ja, ich kann. Steigt auf, ich fliege euch zum Walddistrikt. Das Volk der Farnbilben feiert dort ein Fest zu Ehren ihres großen Modeschöpfers Silof.“ Feierlich fährt er fort: „Versammelt sind alle Wichtel in seinem Gebiet, dort, wo der Wald dunkel wird und dicht, und der Tannfluss verschluckt wird von riesigen Farnen, hohen Bäumen und dichtem Gebüsch, und weiterfließt, und niemand weiß, wohin. Ausgenommen ich, Hiro vom Volk der Hirundinidae – ohne Dingsda! – und einige andere Rauchschwalben!“

Puck und Salvit kichern. „Wir wissen, dass du klug bist und weit gereist, du wunderschöne Rauchschwalbe. Wir wissen auch die hohe Ehre zu schätzen, auf deinem erhabenen Rücken sitzen zu dürfen!“, sagt Puck ebenso feierlich.

Die Rauchschwalbe erhebt sich und schießt wie ein

Pfeil gen Westen. Die beiden Wichtel klammern sich am Gefieder fest. Auf dem Rücken Hiros. Ohne Dingsda.

Der Flug dauert nicht lange. Tief unter sich sehen sie den klaren Tannfluss, von Büschen und Farnen umsäumt. Er bahnt sich seinen Weg durch den Wald und ist bald verschwunden.

Die Farnbilben feiern ein rauschendes Fest

Hiro fliegt jetzt tiefer, sein Flug wird langsamer. Auf einer Waldlichtung tummeln sich viele Wichtel. Sie tragen auffallende Kleider. Eines sieht genauso aus wie das andere, bunt und schräg. Sie tragen auffallende Frisuren. Eine sieht genauso aus wie die andere, die Haare stehen steif vom Kopf ab.

Am Rande der Lichtung setzt Hiro vorsichtig zur Landung an. Salvit und Puck klettern von seinem Rücken.

„Hejo, ihr drei, willkommen bei unserem Fest! Ist es nicht pottig?“, ertönt es von allen Seiten.

„Seid gegrüßt, Wichtel vom Volk der Farnbilben! Pottig ist euer Fest, was immer das heißen mag“, erwidert Hiro, und zu Salvit und Puck gewandt: „Ich werde euch jetzt verlassen. Zu dunkel ist es im Wald und zu kühl. Ich ziehe es vor, ans Licht zu fliegen und mein Gefieder in der Sonne zu wärmen! Lebt wohl!“

„Leb wohl und Dank für deine Hilfe!“, rufen Puck und Salvit. Sie winken der Rauchschwalbe nach, bis sie verschwunden ist.

„Kommt, tanzt doch mit uns!“ Mehrere Farnbilbenwichtel nehmen die beiden Freundinnen an den Händen und ziehen sie mitten hinein in eine tanzende Gruppe. Puck und Salvit bleiben verwirrt stehen, so einen Tanz haben sie noch nie gesehen! Jedes Wichtel tanzt für sich allein. Es schüttelt Kopf und Körper, bewegt Arme und Hände, aber nicht die Beine. Ob die Füße am Boden festgeklebt sind? Jedenfalls sieht es so aus. Sehr bald aber werden die beiden Wichtel vom Rhythmus der Musik angesteckt. Sie bewegen sich wie alle anderen und haben großen Spaß dabei. Ihre Füße aber bleiben am Boden wie festgeklebt.

„Wie heißt denn der Tanz?“, fragt Salvit nach einer Weile atemlos. Sie erhält keine Antwort, die Wichtel sind ganz in ihr Tun versunken.

Nach einiger Zeit hört die Musik auf. Tänzerinnen und Tänzer sinken erschöpft ins Gras.

„Wie heißt denn der Tanz?“, fragt Salvit noch einmal.

„Das ist der Timuro“, antwortet ein Wichtel.

„Den hat unser König Filis selbst erfunden!“, berichtet ein anderer stolz.

„Euer König erfindet Tänze?“ Salvit ist erstaunt.

„Nicht nur Tänze! Er erfindet auch Frisuren und komponiert Lieder, er ist einfach pottig!“

„Was, um Himmels willen, heißt denn pottig?“ Puck hat lange mit dieser Frage gewartet. Jetzt hat sie diese endlich gestellt.

„Was, du weißt nicht, was pottig heißt? Pottig heißt einfach pottig! So etwas wie einmalig, unerreichbar, pottig eben!“

„Warum sagst du dann pottig und nicht einmalig oder unerreichbar?“, will Puck wissen.

„Weil der König dieses Wort erfunden hat. Vielleicht gefällt es ihm auch nur, so genau weiß ich das nicht. Mir gefällt es jedenfalls! Außerdem sagen es alle!“

„Na ja, wenn es alle sagen, pottig!“, grinst Salvit.

Puck und Salvit schlendern zur Musikkapelle. Sie betrachten erstaunt die verschiedenen Musikinstrumente. Manche sehen richtig seltsam aus, jedenfalls für die beiden Gäste.

„Oh“, sagt Salvit. „So etwas habe ich noch nie gesehen.“ Sie zeigt auf ein hölzernes Gebilde, das aussieht wie zwei zusammengeklebte Tulpen: links und rechts große Öffnungen, in der Mitte ein schmales Rohr mit kleinen Löchern.

„Das ist eine Vogelpfeife“, erklärt die Musikantin. „Ich blase hinein wie in eine Querflöte.“

„Und was ist das?“, will Puck wissen. Sie betrachtet interessiert ein bauchiges Instrument mit langem Hals. Es hat in der Mitte ein großes Loch. Darüber sind dünne Saiten gespannt.

„Das ist eine Gitarre. Wir haben mehrere davon in unserer Band.“

„Und das lange Ding da, ist das auch ein Musikinstrument?“, fragt Salvit.

„Das ist eine Trompete“, antwortet ein Wichtel.

„So große Trommeln habe ich noch nie gesehen!“, ruft Puck aus. Sie betrachtet erstaunt einige riesige Trommeln. Sie sind fast so groß wie Salvit.

„Das ist ein Schlagzeug. Die Scheiben da drüben sind Zimbeln. Diese Rohre da heißen Xylophon.“

„Wer baut denn das alles? Macht ihr das selbst?“

„Wir? Nein. Timpano vom Volk der Baumbilben ist der größte Instrumentenbauer in ganz Waldenland. Immer wieder erfindet er neue Musikinstrumente. Jetzt baut er gerade ein riesiges Ding. Das nennt er Clavizither. Das müsstet ihr sehen! Pottig, sage ich euch, absolut pottig!“ Das Farnbilbenwichtel ist ganz aufgeregt. Er fuchtelt wild mit seinen Trommelschlägeln herum.

Puck und Salvit suchen das Weite. Wer weiß, am Ende hält sie der begeisterte Musiker noch für eine Trommel!

Die beiden Wichtel wandern über den Festplatz. Sie bemerken, dass es mehrere Musikbands gibt. Manche spielen. Manche ruhen sich aus. Da gibt es Wichtel, die tanzen. Andere sitzen in Gruppen beisammen und singen. Wieder andere essen, trinken, reden oder lachen, oder tun alles gleichzeitig. Einige schlafen, tief und fest.

Der Mittelpunkt einer heftig diskutierenden Gruppe ist Filis, der König der Farnbilben.

„Sei gegrüßt, Filis, König des Farnbilbenwichtelvolks." Salvit und Puck verbeugen sich höflich.

„Hejo, ihr beiden!" Filis lächelt huldvoll. „Willkommen! Herzlich willkommen! Ihr wollt sicher mit uns feiern. Das Fest wird noch einige Tage dauern und euch gefallen. Ihr werdet jede Menge Spaß haben!" Der König nickt freundlich. Dann wendet er sich wieder der Gruppe zu.

Silof und Selag sind verschiedener Meinung

Puck und Salvit betrachten die hier versammelten Wichtel genauer. Das erste Mal an diesem Tag sehen sie Farnbilben, die unterschiedlich frisiert sind, ohne Schneckenschleim in den Haaren. Sie tragen auch unterschiedliche Kleidung. Alle Farnbilben, denen Puck und Salvit bis jetzt begegnet sind, hatten bunte Kleider an, mit gleichem Muster und gleichem Schnitt. Wie Uniformen, Farnbilbenfesthaarkleideruniform. Puck ist wieder in Worterfindungslaune.

Die Mienen dieser Wichtel sind ernst und besorgt. Und zornig. Ein Wichtel blickt ganz besonders zornig. Er hat braune, leicht angegraute Haare, dunkle Augenbrauen und vor Zorn blitzende Augen.

„Wer ist denn das?“ Puck blickt fragend zu Salvit. Diese schüttelt den Kopf.

„Das ist Selag, die Farnmeisterin vom Buschdistrikt“, flüstert ein Wichtel. „Sie ist wütend, weil niemand Wintervorräte sammeln will! Sie verlangt vom König, dass er das Fest abbricht. Silof, das ist der mit dem pottigen Stachelhaarkranz, ist natürlich dagegen.“

„Bis zum Winter dauert es noch lange. Zum Pilzesammeln haben wir also noch genügend Zeit!“, hören sie Silofs Stimme. „Die Beeren sind auch kaum reif. Außerdem kommen noch viele nach. Warum sollen wir das Fest unterbrechen?“

König Filis nickt beifällig.

„Die Farnbilben sind fröhlich und glücklich“, fährt Silof fort. „Wenn das Fest vorüber ist, werden sie umso schneller arbeiten, dafür garantiere ich. Deine Sorgen sind also überflüssig, Selag. Tu was du willst, aber stör' unser Fest nicht. Feiere lieber mit!"

„Der Sommer ist bald zu Ende. Die Beeren sind reif und müssen geerntet werden. Überall sprießen Pilze. Die Wurzeln sind jetzt noch nicht zu groß. Und die Farnbilben tanzen! Ich tanze auch gern. Ich feiere auch gerne Feste. Aber nicht jetzt! Alles hat seine Zeit und jetzt ist nun einmal die Zeit der Ernte."

„Wir feiern nur noch wenige Tage. Dann werden Beeren, Pilze und Wurzeln immer noch da sein! Selag, mach dich doch nicht lächerlich!" Silof ist zornig.

Noch zorniger ist Selag. „Wir haben uns verpflichtet, für den Winter Vorräte zu sammeln. Ihr wisst, dass die Zeit für Beeren, Pilze und Wurzeln nur sehr kurz ist. Die Beeren verfaulen oder werden von Würmern und Vögeln gefressen. Die Wurzeln werden groß und ungenießbar. Die Pilze zerfallen so schnell, wie sie gewachsen sind. König Filis, ich bitte dich in aller Eindringlichkeit, das Fest sofort zu beenden!"

„Und noch einmal sage ich, Selag, du machst dich lächerlich!", schreit Silof.

„Schweigt! Schweigt alle beide!", befiehlt der König. „Ich werde das Fest in wenigen Tagen abbrechen. Dann wird mit der Ernte sofort begonnen, dafür sorge ich schon. Du, Selag, geh zurück in deinen Distrikt. Oder bleib einfach hier, ganz wie du willst! Verschone mich aber mit deiner gekränkten Miene, schließlich will ich mein Fest genießen. Komm, Silof, bring uns deinen neuen Tanz bei!"

Viele Wichtel klatschen Beifall. Sie scharen sich um Silof und den König. Auch sie wollen den neuesten Tanz lernen.

„Der ist sicher pottig!", murmelt Puck.

Selag schweigt bekümmert. Auch die wenigen Farnbilben, die bei ihr geblieben sind, blicken traurig zu Boden.

„Wir helfen euch bei der Ernte“, sagen Puck und Salvit gleichzeitig.

Selag seufzt. „Dafür danke ich euch. Leider sind nur wenige Wichtel bereit, auf das Fest zu verzichten. Mein Distrikt ist fast leer. Jedes einzelne Wichtel, das uns hilft, ist wichtig.“

Puck und Salvit arbeiten viele Tage mit Selag und ihren Getreuen. Von Larida und ihren Gefährten und Gefährtinnen erhalten sie Unterstützung. Trotzdem, es kann nur ein kleiner Teil der Ernte eingebracht werden.

König Filis hat sein Versprechen vergessen. Silof hat nicht nur einen Tanz erfunden, sondern viele. Alle müssen gelernt und geübt werden, was viel Zeit in Anspruch nimmt.

So geschieht es, dass das Fest noch lange dauert. Erst, als es zu regnen beginnt, denken die Feiernden wieder an die Ernte. Da ist es aber schon zu spät, denn mit dem Regen kommt der Sturm. Im Sturm aber kann sich kein Wichtel ins Freie wagen, es wäre zu gefährlich für die kleinen Gestalten.

Als Sturm und Regen endlich nachlassen, gibt es nichts mehr zu ernten. Nun beginnen sich alle vor dem Winter zu fürchten, der lang und kalt werden soll. Jedenfalls wurde das vom Volk der Legolits prophezeit.

Bis jetzt hat es sich noch nie geirrt.

Beim Volk der Baumbilben

Das Entkernen von Nüssen ist ganz schön gefinkelt

„Achtung, fertig, los!“ Wie ein Blitz saust der Stein auf die Walnuss und spaltet sie. „Hochziehen!“ Der Stein saust wieder hinauf. Eine andere Nuss wird nun in das Nussloch gelegt. Wieder ertönt das Kommando: „Achtung, fertig, los!“, und die Geschichte beginnt von vorne.

Puck und Salvit verfolgen interessiert das seltsame Tun der Wichtel. Die beiden Freundinnen sind seit einigen Stunden bei den Baumbilben. Sie kommen im richtigen Augenblick, um die Nussernte zu erleben. Das ist tatsächlich ein Erlebnis, zumindest für Salvit und Puck.

Im Reich der Baumbilben stehen viele Nussbäume. Es können daher auch viele Nüsse geerntet werden. Nüsse gehören zu den wichtigsten Nahrungsmitteln aller Völker Waldenlands. Natürlich können nur die Kerne gegessen werden, nicht aber die Schalen. Und die sind hart, sehr hart. Und die Wichtel sind klein, sehr klein, dafür aber erfinderisch. Wie sie das Entkernen schaffen? Ganz einfach, jedenfalls sieht es einfach aus!

Zuerst holen sie die Walnüsse von den Bäumen, sofern diese nicht von selbst herunterfallen, was viele auch tun. Unter einigen tiefer stehenden Ästen haben die Baumbilben nussgroße Löcher gegraben, Nusslöcher. Jedenfalls werden sie von den Wichteln so genannt. Puck hätte bestimmt ein viel längeres Wort erfunden. Genau über diesen Nusslöchern sitzt jeweils ein Baumbilbenwichtel. Haargenau, das ist sehr wichtig. Es hat einen starken Faden in der Hand, einen besonderen Spinnenfaden. Den hat Sunra eigens für die Nussernte erfunden. Ein gewöhnlicher Spinnenfaden würde sofort reißen, da am Ende des Fadens ein Stein hängt, ein Lochstein. Der hat an einem Ende ein kleines Loch. Wie sollte sonst der Faden befestigt werden? Solche Steine gibt es auf den Meeresklippen. Larida, die Silbermöwe, und ihre Brüder und Schwestern sammeln sie und bringen sie zu den Baumbilben.

Wenn dann die Nuss richtig im Nussloch liegt, ruft ein Wichtel: „Achtung, fertig, los!" Der Stein saust herab und die Nuss ist entzwei. Zumindest, wenn kein Wind weht.

Im Herbst gibt es viele Stürme. Sie sind heftig und dauern lange. Haben sie einmal begonnen, ist es mit der Ernte vorbei und die Wichtel müssen sich in Sicherheit bringen, wollen sie nicht durch die Luft gewirbelt werden.

Larida und andere Möwen transportieren die Nusskerne in die Winterhöhle.

Königin Silva hat ein Gesetz vergessen

Die Baumbilben leben im dichten Laub der Buchen. Sie haben viele Freunde und Freundinnen. Suri, das fröhliche Eichkätzchen, ist der Liebling der Wichtelkinder.

„Machst du mit uns eine Reise?“, rufen sie und klettern gleich auf Suris Rücken. Und dann geht es weit hinauf auf den höchsten Baumwipfel! Und dann wieder hinunter! *Schwupp*, schon eilt es den nächsten Baum hinauf. Den Wichteln wird ganz schwindlig, aber sie lachen und jubeln. Und halten sich ganz fest an Suris dichtem Fell.

Sunra hilft den Wichteln beim Bau der vielen Leitern, die zu den Laubwohnungen führen. Diese Leitern werden nicht immer benutzt. Es ist schneller und bequemer, sich auf den Rücken eines Spechts oder Wiedehopfs zu setzen, lustiger ist es auch.

Die Königin der Baumbilben heißt Silva. Sie achtet sehr darauf, dass ihr Volk das Gesetz einhält. Es ist ihr aber viel zu anstrengend, es den Wichteln zu erklären oder gar, ihnen zu helfen, damit sie es auch verstehen. So hat sich Silva etwas ganz Besonderes ausgedacht. Sie hat viele kleine Vorschriften erfunden, damit die Wichtel ganz genau wissen, was sie tun sollen oder was sie nicht tun dürfen.

Da heißt es zum Beispiel: Ein Wichtel soll dem anderen Wichtel helfen, da es sich sonst schämen müsste. Oder: Ein Wichtel soll tun, was ihm seine Königin sagt. Oder: Ein Wichtel soll die Nusslöcher nicht zerstören. Oder: Ein junger Wichtel soll höflich und rücksichtsvoll zu älteren Wichteln sein.

Es gibt viele solche kleinen Gesetze im Land der Baumbilben. Die Wichtel lernen sie auswendig und halten sich auch daran.

Nur halten sie sich ganz genau daran. Zumindest viele. So kann es dann geschehen, dass ein älteres Wichtel gar nicht höflich und rücksichtsvoll zu einem jüngeren ist. Oder dass Gleichaltrige manchmal sehr hässlich zueinander sind. Trotzdem sind sie überzeugt, nach dem Wichtelgesetz zu leben. Es heißt ja, ein jüngeres Wichtel ist höflich und rücksichtsvoll zu den älteren. Punkt.

Die Baumbilben sind schlank und sportlich. Sie haben dunkelblonde Haare und graue Augen. Ihre Haut ist hell und sommersprossig. Doch gibt es auch Wichtel, die ein wenig anders aussehen, wie bei allen Völkern. Da gibt es hellhäutige Tillen, rotlockige Seebilben, dunkle Farnbilben und schwarzhaarige Erdbilben. Das sind nur Beispiele, Unterschiede gibt es viele. Es wäre auch ziemlich langweilig, würde ein Wichtel ganz genau so aussehen wie das andere. Oder es gibt Wichtel, die hinken. Andere haben einen Arm verloren. Wieder andere sind blind. Oder taub. Manche Legolitwichtel können nicht mehr fliegen, weil ein Flügel abgebrochen ist. Oder lahm.

Kein Volk hat deshalb Schwierigkeiten. Wichtel sind Wichtel. Jedes Wichtel ist gleich viel wert. Ganz gleich, wie es aussieht. Oder was es kann. Oder nicht kann. Würde ein Wichtel ein anderes wegen seines Aussehens oder seiner Behinderung verspotten, müsste es sich schämen! Das wissen fast alle Wichtel Waldenlands.

Die Baumbilben wissen es nicht, Königin Silva hat diesen Gesetzespunkt einfach vergessen. Für die Königin ist klar, dass niemand sagen kann, ob das helle oder das dunkle Wichtel klüger oder hübscher ist, das große oder kleine Wichtel. Oder das dicke oder dünne. Sie weiß auch, dass ein Wichtel mit einer Behinderung geschickt sein kann. Und klug. Und hübsch. Und liebenswert. Für die Baumbilben ist das nicht klar, zumindest für die meisten. Daran hat Silva einfach nicht gedacht. Leider.

Und so ist es zu der Sache mit Bibbo gekommen.

Bibbo ist ein Baumbilbenwichtel. Er hat schöne, feuerrote Locken. Seine Augen sind grün. Seine Brauen und Wimpern sind genauso rot wie seine Haare, feuerrot. Die Nase ist braun getupft. Wenn nur ein einziger Sonnenstrahl sein Gesicht berührt, ist auch dieses braun getupft. Bibbo hat sogar für ein Baumbilbenwichtel viele Sommersprossen, vor allem große. Außerdem ist er nicht besonders schlank, genau genommen ist er ziemlich pummelig. Bibbo ist also ein ganz normales, liebenswertes Wichtel. Jedenfalls wäre er das in den Augen der Legolits, Tillen, Farnbilben, Seebilben und Erdbilben. Für die Baumbilben ist das leider nicht so.

Am Anfang war Bibbo ein freundliches Wichtelkind, das gern spielte und lachte, herumsprang und sang. Wie alle Kinder. Bibbo war damals glücklich. Und freundlich.

Dann hat es angefangen: „Feuerkopf!“, „Rotfuchs!“, „Fleckenbibbo!“, „Laubaug’!“, „Fresssack!“, riefen die Wichtel und noch viel Schlimmeres.

„Du bist zu dick!“, „Wo kommst denn du her?“, „Du gehörst nicht zu uns!“, „Feuerköpfe dürfen nicht mitspielen!“, „Willst du blaue Augen? Die kannst du haben!“, „Verschwinde!“, hieß es später. Nicht, dass ihm niemand gerne geholfen hätte, da gab es gar nicht so wenige. Die aber haben sich nicht getraut. Die haben lieber geschwiegen. Und gelacht. Sicher ist sicher.

Bibbo ging weg.

Zuerst war er traurig und weinte. Er war sehr einsam. Und sehr verzweifelt. Dann wurde er wütend. Seine Wut wurde so groß, dass er es nicht mehr aushalten konnte. Und so begann Bibbo, sich zu rächen. An der ganzen Welt. Das sind für ihn die Baumbilben.

Er freundete sich mit Kukuva an, einer Krähe. Sie hat eigentlich nichts gegen die Baumbilben, es macht ihr nur Spaß, sie zu ärgern, und zu zweit ist es lustiger als allein.

So sitzen Bibbo und Kukuva hoch oben im Wipfel einer Buche. Sie kommen nur herunter, wenn sie den Wichteln etwas antun können, also ziemlich oft!

Die Baumbilben ärgern sich natürlich darüber. Je mehr sie sich aber ärgern, desto mehr freut sich Bibbo. Dass sich manche sogar vor ihm fürchten, beflügelt seine Fantasie. Er hat sofort wieder eine neue Ärger-Idee und die Baumbilben werden noch wütender.

Königin Silva hat schon einige Male versucht, den Fall Bibbo vor den Rat der Weisen zu bringen. Dieser aber hat abgelehnt. Bereits am Anfang, als die Wichtel damit anfingen, Bibbo zu verspotten, wurde Silva vor den Folgen gewarnt. Zuerst von Suri. Dann von Palumba. Am Ende haben alle mit ihr gesprochen. Sie haben ihr erklärt, dass sich ihre Wichtel schämen müssten, sehr sogar, und sie gleich mit! Sie haben sie ersucht, auf ihre kleinen Gesetze zu verzichten. Sie wollten sie davon überzeugen, dass es besser ist, wenn ein Volk selbstständig denken kann. Dafür müsste sie sorgen, das wäre schließlich ihr Job.

Silva aber hat nur den Kopf geschüttelt und nichts geändert. Weil aber Silva den Kopf geschüttelt hat, haben dies ihre Wichtel auch getan und nichts geändert.

Nicht, dass die Baumbilbenwichtel besonders böse Wichtel wären! Sie sind im Grunde genommen nicht viel anders als all die anderen Wichtel in Waldenland. Sie sind nur gedankenlos. Sie tun oder sagen das, was die anderen tun oder sagen. Sie überlegen nicht, ob das richtig oder falsch ist. Sie überlegen nicht einmal, ob sie das, was sie da tun oder sagen, auch wirklich tun oder sagen wollen. Sie tun es einfach oder sagen es, weil das alle anderen auch tun oder sagen.

Es gibt aber auch Wichtel, die entdeckt haben, dass sie tatsächlich denken können. Dass es ein gutes Gefühl und außerdem klug ist, sich selbst Gedanken zu machen. Und dass es ziemlich dumm ist, andere für sich denken zu lassen. Und gefährlich dazu!

Eines dieser Wichtel ist Anima, die Tochter der Königin. Immer wieder versucht sie, mit den anderen Wichteln über das Denken zu sprechen. Und über Bibbo. Am Anfang hat ihr niemand zugehört. Sie hat aber immer wieder damit angefangen und nicht aufgegeben. Darum gibt es schon einige Baumbilben, die versuchen, das Wichtelgesetz zu verstehen. Sie versuchen auch, selbst zu entscheiden, ob sie etwas tun oder sagen wollen. Diese Wichtel werden immer zahlreicher.

Titona und der Rat der Weisen wissen das. Sie wollen, dass die Baumbilben am Ende ihr Problem selbst lösen. Und so haben sie Silvas Anträge in der Sache Bibbo immer wieder abgelehnt.

Puck denkt nach und verzichtet auf einen Streich

Von all diesen Dingen wissen Salvit und Puck nichts. Während Puck mit Begeisterung bei der Nussernte hilft – sie muss natürlich das Seil heruntersausen lassen – macht sich Salvit beim Auslösen der Nusskerne nützlich, was viel weniger aufregend ist.

Am Abend des ersten Tages steht Puck sinnend vor einem Nussloch. „Eigentlich könnte ich es zuschütten und daneben ein anderes graben. Das wäre sicher lustig!“, denkt sie.

Sie ist von ihrem Einfall hingerissen. Im Geist hört sie die Baumbilbenwichtel „Achtung, fertig, los!“ rufen. Sie sieht den Stein, der sich neben die Nuss in die Erde gräbt und, was besonders lustig ist, die erstaunten Gesichter der Gefoppten. Puck kichert. Zuerst würden alle glauben, Schuld daran wäre ein plötzlicher Windstoß und würden es noch einmal versuchen. Doch dann würden sie erkennen, dass Puck wieder einmal einen genialen Einfall hatte!

Puck geht vorsichtig auf das Nussloch zu. Dann bleibt sie stehen. Dann tut sie etwas, was sie noch nie getan hat, zumindest nicht, wenn es um einen Streich geht: sie denkt nach. Nicht über die erstaunten Gesichter der Wichtel, das hat sie ja bereits.

Sie denkt daran, was passieren könnte! Die Nusslöcher neu zu graben ist sicher ganz einfach. Dabei würde sie ihnen ja helfen. Bestimmt. Und Salvit auch. Aber die genaue Position, ist die auch so schnell gefunden? Was ist, wenn dies nun mehrere Tage dauert? Wenn die Herbststürme kommen, bevor die neuen Nusslöcher fertig sind? Was ist, wenn nicht mehr genügend Nüsse geerntet werden können?

„Dann hätten wir am Ende nicht genügend Vorräte! Dann müssten wir vielleicht sogar hungern! Das wäre alles meine Schuld! Dann müsste ich mich ja schämen!“, ruft Puck erstaunt aus. Sie beschließt, diesen Streich lieber ganz schnell zu vergessen!

In dieser Nacht schläft Puck sehr gut. Im Traum hört sie die Stimme Titonas: „Tuwitt, tuwitt! Nicht mehr Puck sollst du heißen. Lass dich wieder Amona rufen, Amona, die Liebliche! Denn lieblich bist du, Amona vom Volk der Tillen, Amona, du Zierde Waldenlands!“

Palumba, Larida, Hirundo und Suri nicken ihr lächelnd und anerkennend zu. Und König Till-o-Schreck blickt stolz auf sie. Die Wichtel aller Völker jubeln: „Amona, Amona, du Liebliche, du Zierde deines Volkes!“

Amona lächelt glücklich.

Timpano hat erstaunliche Musikinstrumente

„Hejo, Puck, fast bald ganz erwachsenes Wichtelmädchen vom Volk der Tillen. Willst du den Tag verschlafen?", hört sie aus weiter Ferne.

„Amona", murmelt Puck. „Mein Name ist Amona."

„Amona? Bist du nicht Puck, die vorlaute Reisende, die Freundin von Salvit, der nicht mehr gar so Sanften?" Die Stimme klingt sehr verwirrt. „Hast du mich vergessen, mich, Hiro vom Volk der Hirundinidae, Hiro, den Unvergleichlichen?"

Mit einem Satz ist Puck auf den Beinen. „Hiro, den was?", lacht sie. „Du hast recht, Hiro, du bist unvergleichlich! Ich begrüße dich und freue mich, dich zu sehen."

„Also bist du doch Puck und nicht Amona", stellt die Rauchschwalbe erleichtert fest.

Puck nickt. „Ja, aber nicht mehr lange", strahlt sie. „Ich hatte einen Traum. Titona hat gesprochen wie du, poetisch. Sag, du unvergleichliche Rauchschwalbe, was verschafft mir die Ehre deines Besuchs?"

„Ich bin gekommen, Lebewohl zu sagen. Unser Volk, das Volk der Hirundinidae, begibt sich nach dem Süden, wo es sonnig ist und warm, wo es keine Herbststürme gibt und keinen Schnee."

„Oh." Puck ist enttäuscht. „Sehe ich dich niemals wieder?"

Hiro entgegnet ernsthaft: „Das könnte ich dir niemals antun, Puck vom Volk der Tillen. Was tätest du ohne mich? Im Frühling, wenn die Erde erwärmt ist und der Schnee geschmolzen, sehen wir uns wieder!"

„Natürlich, was täte ich ohne dich", nickt Puck. „Schönste und Eingebildetste aller Rauchschwalben!"

Hiro überhört Pucks anzügliche Bemerkung. Er lächelt ihr und Salvit, die gerade auftaucht, wohlwollend zu. „Ein wenig Zeit habe ich noch bis zu meiner Abreise. Ich bringe euch zu Timpano, dem großen Instrumentenbauer, wenn es euch genehm ist. Erweist ihr mir die Ehre eurer Gesellschaft? Timpano gehört zu den Erdbilben und liebt die Einsamkeit."

Puck und Salvit sind begeistert. In wenigen Minuten fliegen sie mit Hiro hinauf zu den Wolken.

Das Baumbilbenreich liegt im Westen Waldenlands und grenzt an das Reich der Erdbilben. Es ist ein Teil des großen Waldes, den noch kein Wichtel durchquert hat. Dieser riesige Wald reicht weit hinauf in den Norden, bis ans Meer.

So weit fliegt Hiro nicht, sein Ziel ist bereits nach kurzer Zeit erreicht. Er landet so schnell auf einer kleinen Waldlichtung, dass Puck und Salvit von seinem Rücken purzeln. „Verzeiht mir, liebliche Wichtel", sagt er zerknirscht. „Ich war wohl etwas zu temperamentvoll! Ihr habt euch doch nicht verletzt?"

„Nein, nein!", rufen die beiden. „Du bist schon besser gelandet, nicht immer unvergleichlicher Hiro vom Volk der Hirundingsda", grinst Puck.

Hiro hält es für unter seiner Würde, auf diese respektlose Bemerkung zu reagieren. Er käme auch gar nicht mehr dazu, denn vor ihnen steht Timpano. Er ist klein und rundlich, nur ganz wenig größer als Salvit. Er hat buschige Augenbrauen und helle Augen. Vom restlichen Gesicht ist wenig zu sehen. Es wird von einem dicht gelockten Bart geziert, der etwas dunkler ist als seine schulterlangen Kopfhaare. Timpano ist mit einem langen Kleid aus den feinen Haaren eines Eichhörnchenfells gekleidet. Seine Füße sind nackt wie die Füße aller Wichtel.

„Sei gegrüßt, Meister Timpano.“ Hiro verbeugt sich ehrfurchtsvoll. „Darf ich dir Salvit vom Volk der Legolits und Puck vom Volk der Tillen vorstellen? Mich, Hiro vom Volk der Hirundinidae, kennst du ja, großer Meister des Instrumentenbaues.“

Timpano lächelt. Er verbeugt sich ebenfalls. „Wer kennt dich nicht, Hiro vom Volk der Hirundinidae. Seid willkommen! Es geschieht nicht oft, dass Wichtel von fernen Wichtelvölkern meine Einsamkeit durchbrechen. Kommt mit mir in meine Rota.“

„In deine Rota? Du wohnst in einer Rota?”, rufen Puck und Salvit erstaunt aus. „Was ist das eigentlich, eine Rota?“, wollen sie dann wissen.

„Ihr werdet sehen, kommt nur“, erwidert Timpano. Die beiden Freundinnen folgen ihm neugierig nach. Hiro erhebt sich mit den Worten: „Ich hole euch später ab“, und fliegt davon.

Dann stehen Puck und Salvit vor Timpanos Rota.

„Das ist ja eine Wurzelhöhle!“, ruft Salvit.

„Mit vielen Zweigen darauf!“, ergänzt Puck.

„Ja, eine trockene, warme Wurzelhöhle, groß genug, um darin meine Instrumente zu bauen und aufzubewahren. Und trocken genug, um sie vor Regen, Wind und Schnee zu schützen. Ja, das ist meine Rota“, erklärt Timpano stolz.

„Warum sagst du Rota, wenn du Höhle sagen könntest?“, fragt Puck.

„Warum soll ich Höhle sagen, wenn ich Rota sagen möchte?“, entgegnet Timpano.

Puck und Salvit sehen einander überrascht an. „Du hast recht!“, rufen beide begeistert. „Rota klingt viel schöner als Höhle und noch dazu geheimnisvoll! Du hast eine wunderschöne Rota!“

Voll atemloser Spannung betreten Puck und Salvit diese erstaunliche Behausung. Die Rota ist groß und durch mehrere Feuerstellen erhellt. Es gibt Sitzgelegenheiten aus Eicheln und Nüssen. Am Boden liegen Teppiche, die zum Ausruhen einladen. Und Musikinstrumente, überall stehen und liegen Musikinstrumente!

Flöten, Violinen, Gitarren und Schlagzeug kennen Puck und Salvit bereits. Die vielen anderen Musikinstrumente aber haben sie noch nie gesehen. Da steht ein großer, geschwungener Holzrahmen, der mit vielen verschieden starken Saiten bespannt ist.

„Das ist eine Harfe", sagt der Meister, „und das dort eine Schellentrommel." Er zeigt auf eine flache Trommel, an der rundherum viele kleine Samenkapseln hängen.

Salvit steht immer noch vor der Harfe. „Wie kann denn ein so großes Instrument gespielt werden?" Timpano setzt sich auf einen Nusshocker und bewegt mit seinen Fingern einige Saiten.

„Klingt das schön!", rufen Puck und Salvit begeistert aus.

Etwas später entdecken sie ein langes, nach einer Seite hin breiter werdendes Instrument. „Ist das eine Flöte?", will Puck wissen.

„Nein", erklärt Timpano, „das ist ein Zink. Willst du einmal hineinblasen?"

Vorsichtig nimmt Puck das eigenartig geschwungene Blasinstrument in die Hände. Sie holt tief Luft, bläst hinein, aber kein Ton kommt heraus. Nun versucht es Salvit. Mit gleichem Erfolg.

Timpano lächelt. „Ihr dürft das Mundstück nicht ganz in den Mund nehmen", erklärt er. „Ich zeige es euch." Timpano setzt den Zink an. Ein tiefer, voller Ton, fast wie der einer Trompete, erklingt.

Die beiden Wichtel versuchen es noch einmal. Alles, was zu hören ist, ist ein fürchterliches Quietschen. Seufzend legen sie das Instrument zurück.

Dann stehen sie fasziniert vor einem riesigen Gebilde, größer noch als die Harfe: Ein aufgestellter Holzrahmen, mit vielen Saiten bespannt, ist mit einem Kasten verbunden. Dieser hat in der Mitte ein ovales Loch. Auf der Vorderseite sind mehrere Mauszähnchenstücke aufgereiht, helle und dunkle. Das ganze Instrument steht auf einem großen Stück Holz. Davor befindet sich ein schmaler Eichelstuhl. „Das ist eine Clavizither“, erklärt Timpano stolz. „Ich habe viele Monate daran gearbeitet. Jetzt ist sie fertig.“

„Eine Clavizither?“ Ehrfurchtsvoll wiederholen Puck und Salvit den Namen dieses Musikinstruments. „Spielst du uns etwas vor?“

Timpano setzt sich auf den Eichelstuhl. „Den Klang dieser Clavizither hat noch kein Wichtel gehört, ihr seid die Ersten in ganz Waldenland“, sagt der Meister feierlich. Dann legt er seine langen, schmalen Finger auf die Mauszähnchenstücke. „Das ist die Tastatur“, erklärt er. „Jede Taste führt zu einer eigenen Saite. Wenn ich auf die Taste drücke, wird die Saite bewegt.“ Timpano versteht es, die ungeduldigen Wichtel auf die Folter zu spannen.

Endlich beginnt er, zu spielen. Die Töne sind zart und schwingen leicht nach. Der Klang ist wunderschön. Puck und Salvit lauschen hingerissen.

„Das möchte ich auch können“, seufzt Puck.

Salvit flüstert: „Das wäre zu schön!“

„Oh, das ist ganz einfach“, erwidert Timpano. „Ihr müsst nur viel üben. Könnt ihr die Notenschrift lesen?“

„Ja, die haben wir schon gelernt“, antworten die beiden Wichtel atemlos.

„Nun, dann ist es ja kein Problem. Bald ist Winter, die lange Zeit des Lernens. Larida, die Silbermöwe, wird die Clavizither bestimmt in die Winterhöhle bringen. Ihr werdet dann meine ersten Schülerinnen sein!“

„Oh, Timpano, großer Timpano, du bist pottig!“, rufen

Puck und Salvit zu ihrem eigenen Erstaunen aus. Sie hätten den armen Meister erdrückt, wäre nicht in diesem Augenblick Hiro, die unvergleichliche Rauchschwalbe, am Eingang der Rota erschienen.

„Lasst Timpano leben, ihr stürmischen, bald fast ganz erwachsenen Wichtel!", schmettert sie in die Höhle. „Verzeih ihnen, großer Meister", sagt sie, nun zu Timpano gewandt, „die beiden sind zwar keine kleinen, dafür aber sehr junge Wichtel und übermütige dazu!"

Timpano lächelt verständnisvoll, er ist wahrhaftig ein großer Meister.

Als sich Puck, Salvit und Hiro von Timpano verabschieden, schenkt er den beiden Freundinnen je eine Panflöte. Immerhin hat Puck bei der Entstehung dieses Instruments mitgeholfen, wenn auch unbewusst. Glücklich und strahlend verabschieden sie sich. Schon bald sind sie wieder im Herzen des Baumbilbenreichs.

„Lebt wohl, ihr einzigartigen Wichtel, im Frühling sehen wir uns wieder!" Hiros Stimme ist rau. Puck und Salvit könnten schwören, Tränen in seinen Augen zu sehen. In ihren eigenen Augen stehen jedenfalls welche, ziemlich viele sogar.

„Pass auf dich auf, unvergleichlicher Hiro vom Volk der Hirun-di-ni-di-dae", flüstert Puck.

„Hirundinidae", erwidert Hiro und erhebt sich in die Luft. Er breitet weit seine Flügel aus und zieht noch eine elegante Schleife. Dann steigt er immer höher. Als winziger Punkt verschwindet er im blauen Himmel.

Bibbo verursacht einen Aufstand

Bald ist es dunkel. Die beiden Freundinnen suchen sich ein Laubhaus, um darin zu schlafen.

„Gute Nacht!“, wünschen sie Suri, der gerade einen Ast hinaufeilt.

„Schlaft gut, ihr beiden“, ruft das Eichkätzchen, schon ist es verschwunden.

Puck und Salvit schlafen nicht lange. Ein seltsames Geräusch reißt sie aus ihren Träumen.

„Hast du das gehört?“, flüstert Puck.

„Was kann das sein?“, fragt Salvit.

Beide kuscheln sich eng aneinander.

Etwas später lugen sie vorsichtig aus dem Laub. Die Nacht ist hell. Das silbrige Licht des Mondes scheint durch das Laub der Zweige.

„Da bewegt sich etwas!“, flüstert Salvit.

Puck klappert mit den Zähnen. Wer weiß, am Ende haben die Moorgeister Verwandte im Wald, denen nach Geisterspaß zumute ist?

Doch es sind keine Geister, die sich lautlos durch die Nacht bewegen. Ein Wichtel mit leuchtend roten Haaren und ein großer, dunkler Vogel machen sich am Waldboden zu schaffen. Das Wichtel leert aus einem Gefäß etwas auf den Boden, den es dann sorgfältig glättet. Der Vogel hackt daneben ein Loch.

„Die Nusslöcher!“, schreit Puck plötzlich auf. „Salvit, sie verlegen die Nusslöcher!“ Puck wäre vor Empörung bald vom Baum gefallen. Dass sie selbst vor Kurzem noch das Gleiche tun wollte, hat sie schon vergessen.

Salvit breitet ihre Flügel aus und segelt schnurstracks auf die kleine Gruppe zu. Puck saust an einem Spinnfaden den Baum hinunter.

„Warum tust du das?“, fragt Salvit. Sie sieht jetzt viel größer aus, als sie in Wirklichkeit ist. Das Baumbilbenwichtel lässt erschrocken den Krug fallen. Der Vogel fliegt schnell davon.

„Was geht dich das an? Wer bist du überhaupt?“ Das ertappte Wichtel hat sich von seinem Schreck erholt. Es hebt herausfordernd den Kopf.

„Ich bin Salvit vom Volk der Legolits und besuche mit Puck vom Volk der Tillen die Völker Waldenlands. Und wer bist du?“, antwortet Salvit.

„Sag bloß, dass du mich nicht kennst! Sag bloß, du hast von Bibbo, dem Schrecken der Baumbilben, noch nie etwas gehört!“, schreit das Wichtel höhnisch.

„Bibbo, der Schrecken der Baumbilben?“ Salvit und Puck sind erstaunt.

„Warum sagst du so etwas?“, will Puck wissen.

„Weil ...“ Mehr sagt Bibbo nicht, er läuft einfach davon.

Puck und Salvit blicken ihm erstaunt nach. Bibbo ist verschwunden, dafür sind jetzt viele Wichtel da. Einige zeigen aufgebracht auf ein zerstörtes Nussloch. Andere laufen herum. Sie suchen nach Bibbo. Alle sind davon überzeugt, dass er der Übeltäter ist, was ja auch stimmt.

Die Baumbilben sind wütend. Sie rufen nach ihrer Königin. Sie verlangen von ihr, dass das rothaarige Scheusal endlich verbannt wird. Sie nennen Bibbo nicht nur Scheusal. Sie haben sich viele böse Namen für ihn ausgesucht. Namen, die Puck und Salvit noch nie gehört haben.

Die beiden Freundinnen stehen da und beobachten erschrocken die aufgebrachte Menge. So etwas haben sie noch nie erlebt.

Dann erscheint Königin Silva, begleitet von ihrer Tochter Anima. „Ich werde dafür sorgen, dass dieser rothaarige Bösewicht endlich vor den Rat der Weisen kommt und aus unserem Reich verschwindet. Das verspreche ich euch!"

Die Königin will ihr aufgebrachtes Volk beschwichtigen. Die Wichtel lassen sich aber nicht beschwichtigen. Sie werden immer wütender. Und lauter. „Es ist aber auch höchste Zeit!", schreien einige. „Das hättest du schon längst tun müssen!", brüllen andere. „Gefleckte Fuchsköpfe haben bei uns nichts verloren!", „Wer weiß, was dem Fresssack noch alles einfällt!", und noch vieles mehr ist zu hören, sehr, sehr Hässliches.

„Still, seid endlich still!" Anima, die Tochter der Königin, kann vor Zorn kaum sprechen. „Habt ihr immer noch nicht begriffen, dass ihr damit angefangen habt? Schaltet doch endlich euer Hirn ein! Hättet ihr Bibbo nicht gemobbt, wäre er jetzt kein Bösewicht, wie ihr so schön sagt! Ein Wichtel wegen seines Aussehens zu verspotten ist wohl das Letzte." Anima schaut vorwurfsvoll in die Menge.

Viele Wichtel sind erstaunt. Wovon redet sie eigentlich? „Das ist ja nicht verboten!", rufen manche. „Wir haben uns genau an das Gesetz gehalten", verteidigen sich andere. Einige behaupten: „Das hat uns ja niemand gesagt!"

Als Anima nun über das Gesetz Waldenlands spricht, hören alle erstaunt zu. Sie hören richtig zu, mit den Ohren und mit dem Hirn. Später sogar mit dem Herzen, zumindest ein wenig. Dann beginnt eine heftige Diskussion über das Denken. Und das Fühlen. Und das Schämen. Und über Bibbo. Darüber, wie es gekommen ist, dass Bibbo böse Dinge tut. Und darüber, wie das beendet werden könnte.

Alle reden mit, ausgenommen Puck und Salvit. Und Königin Silva. Doch dann hebt sie die Hand und beginnt zu sprechen. Ihre Stimme zittert ein wenig. „Dass wir uns alle miteinander schämen müssen, ist keine Frage. Wir, weil wir Bibbo gemobbt haben. Bibbo, weil er sich gerächt hat. Ich werde mich an den Rat der Weisen um Hilfe wenden. Ich möchte, dass Bibbo wieder voll und ganz zu unserem Volk gehört."

Als Silva schweigt, ist es ziemlich still unter den Bäumen. Einige beginnen, zaghaft zu applaudieren. Etwas später klatschen alle in die Hände. Sie sind zuversichtlich, dass der Bibbo-Spuk bald ein Ende haben wird, ein gutes Ende. Auch für Bibbo.

Hat Bibbo diese aufregende Diskussion gehört, er war doch davongelaufen? Allerdings nicht besonders weit. Er ist einfach die nächstbeste Strickleiter hinaufgeklettert und hat sich in einer Laubwohnung versteckt, in Pucks und Salvits Laubwohnung. Er hat tatsächlich alles gehört! Jetzt ist er verwirrt. Und erleichtert. Verwirrt, weil er nicht alles verstanden hat, erleichtert, weil ihn die Baumbilben wieder bei sich haben wollen. Das jedenfalls hat er verstanden.

„Hoffentlich wollen die es auch morgen noch", denkt Bibbo. Dann schläft er ein.

Und so finden ihn Puck und Salvit, friedlich schlafend. „Das war eine aufregende Nacht", flüstern die Wichtel. Dann schlafen auch sie.

Beim Volk der Erdbilben

Puck und Salvit sind erstaunt

„Hoch oben im Norden, wo der Winter niemals aufhört, lebte einst ein Menschenkind. Sein Name war Per. Eines Tages ...“

In der großen Wurzelhöhle ist es mucksmäuschenstill. So still, dass alle die kleine Spinne hören können, die vorsichtig das Weite sucht. Spinnen interessieren sich nicht besonders für Geschichten. Atemlos und versunken lauschen die Wichtel den Worten des großen Geschichtenerzählers Fablo.

Fablo ist ein Erdbilbenwichtel. Er ist der beste Erzähler Waldenlands. Er ist überall bekannt und wird überall geliebt. Er reist den ganzen Sommer über von Volk zu Volk. Er erzählt und hört zu. Er unterhält sich mit weit gereisten Singvögeln. Er beobachtet alles, was um ihn herum geschieht. So kommt es, dass ihm immer wieder neue Geschichten einfallen. Wahre und erfundene. Traurige und lustige. Lange und kurze. Und alle sind spannend.

Natürlich reist Fablo nicht allein. Er reist auch nicht zu Fuß, da käme er nicht besonders weit. Waldenland ist groß und die Wichtel sind klein. So reist er mit Rustica, einer jungen Schwalbe. Diese kann schnell, hoch und weit fliegen. Sie war auch schon bei den Völkern der Menschen, die jenseits des großen Waldes leben. Sie weiß viel über diese seltsamen Wesen. Sie hat sogar herausgefunden, dass Menschen den Wichteln ein wenig ähnlich sind, nur viel größer, und hat Fablo davon berichtet. Der hat begeistert zugehört und sich sogleich neue Geschichten ausgedacht.

Im Herbst kehrt Fablo zu seinem Volk zurück. Rustica

fliegt mit ihren Brüdern und Schwestern in den Süden, dorthin, wo es warm ist.

Salvit und Puck sind schon einige Tage bei den Erdbilben. Sie wohnen in einer gemütlichen Wurzelwohnung. Grano hat sie zu sich eingeladen, denn seine Wohnung ist groß und er lebt allein.

„So eine schöne Rota!“, hat Puck begeistert ausgerufen. Sie liebt neue Wörter. Auch solche, die sie nicht selbst erfindet.

Grano konnte mit diesem Wort nicht viel anfangen. „Rota? Was für ein Blödsinn!“, schimpfte er. „Wo hast du denn dieses unmögliche Wort her? Willst du mich am Ende verspotten? Nein, wahrscheinlich nicht. Das ist eine Wurzelwohnung, nicht mehr und nicht weniger! Sie ist schön, gemütlich und winterfest, wie es sich gehört. Rota, so ein komisches Wort! Und völlig überflüssig!“ Das war eine lange Rede für den einsamen Grano, der ganz und gar nicht böse ist. Er ist nur viel allein und spricht höchstens mit sich selbst. Oder gar nicht. Wieso sollte er auch reden? Es hört ihm ja sowieso niemand zu! Grano hat noch eine ganze Weile den Kopf geschüttelt und „Rota, so ein Blödsinn“, gemurmelt. Dann hat er aber aufgehört und sich freundlich mit Puck und Salvit unterhalten.

Puck ist sehr froh, dass er ihr den Streich mit den Flaumfedern verziehen hat. Grano ist ein freundliches Wichtel. Weil er aber immer so finster in die Gegend schaut, weiß das niemand. Er selbst vielleicht auch nicht.

In der Wurzelwohnung ist es warm und angenehm. Ganz besonders dann, wenn es draußen regnet oder stürmt, wenn der Wind heulend durch die Zweige fährt und mit dem trockenen Laub spielt, wenn er es aufwirbelt, in der Luft tanzen und wieder zu Boden sinken lässt. Grano genießt die Geborgenheit, wie alle Erdbilbenwichtel.

Nicht so Puck und Salvit. Sie haben immer das Gefühl,

eingesperrt zu sein, vor allem nachts. „Wir sind ja nicht für ewig hier“, trösten sie einander. Nicht, dass sie die Wohnungen der Erdbilben ungemütlich finden, ganz im Gegenteil. Da gibt es Teppiche aus Kaninchenhaaren und weiche Mäusefelle, auf denen sich die Erdbilben ausruhen. Puck und Salvit tun das auch oft und gerne. Trotzdem sind sie viel lieber im Freien, auf der Wiese zum Beispiel, wo es so wunderbar duftet.

In den Wohnungen stehen auch Tische und Sessel aus Samenkapseln und Eicheln. Ihre sorgfältig gewebten Kleider bewahren die Erdbilben in Kästen aus Nussschalen auf. In einigen Wohnungen hängen Bilder aus Samenkörnern, nicht besonders bunt, aber fantasievoll und wunderschön, jedenfalls in den Augen der beiden Freundinnen. Die Vorratskammern der Erdbilben sind gefüllt mit verschiedenen Lebensmitteln, sehr vielen verschiedenen Lebensmitteln. Gegessen wird aus winzig kleinen, kunstvoll gefertigten Tonschalen. Diese Tonschalen stellen die Erdbilben selbst her, sie sind in ganz Waldenland dafür berühmt!

Kein zarter Blumenstängel wiegt sie sanft in den Schlaf. Kein Duft nach Wiese und Wald begleitet ihre Träume. Kein Sonnenstrahl kitzelt sie am Morgen. Niemals bewachen Mond und Sterne ihren Schlaf. Und doch sind sie glücklich und zufrieden. Genauso glücklich und zufrieden wie die anderen Wichtel in ihren Blüten, Blättern und Farnen. Voller Erstaunen haben Puck und Salvit festgestellt, dass das tatsächlich so ist, dass die Erdbilben in ihren Wohnungen genauso glücklich sind wie sie selbst in ihren Blüten.

Puck und Salvit haben viele Fragen

„... und Per lebte noch viele Jahre vergnügt und glücklich.“ Fablo hat seine Erzählung beendet. Ein erleichtertes „Ahhhhh!“ geht durch den Raum, die Geschichte ist gut ausgegangen.

Die Wichtel sind ganz steif geworden vom langen Sitzen und angestrengten Lauschen. Sie recken und strecken sich.

„Was haltet ihr von einem Reck- und Strecktanz?“, fragt Puck in die Runde.

Die Erdbilbenwichtel schauen sie erstaunt an. „Was ist das, ein Reck- und Strecktanz?“, wollen sie wissen.

„Ein Reck- und Strecktanz ist ein Tanz, bei dem sich alle recken und strecken. Ich habe ihn gerade erfunden.“ Puck holt ihre Panflöte und beginnt, eine schnelle Melodie darauf zu spielen.

Die Wichtel stehen da und starren Puck erwartungsvoll an. Keines bewegt sich. Dann beginnt Salvit, sich im Rhythmus zu recken und zu strecken. Und siehe da, alle machen es ihr nach. Nicht alle. Grano schüttelt den Kopf und brummt vor sich hin: „Verrückt sind sie, komplett verrückt! Reck- und Strecktanz! Wieder so ein überflüssiges Wort!“ Hätte ihm jemand gesagt, sein Kopfschütteln geschähe haarscharf im Takt der Flötenmelodie, er hätte es glatt abgestritten!

Müde von der ungewohnten Gymnastik gehen die Wichtel nach Hause in ihre Wurzelwohnungen.

Mit seinen Gästen hat es Grano nicht leicht. Sie wollen alles und jedes wissen. Kaum hat er eine Frage beantwortet, kommt schon die nächste.

„Wie heißt denn euer König?“

„König? Wir haben keinen König. Wir haben eine Präsidentin. Ihr Name ist Teri.“

„Wie bei uns? Ist sie die Weiseste und Gütigste eures Volkes?“

„Die Weiseste und Gütigste? Vielleicht, vielleicht auch nicht. Wie soll ich das wissen?“

„Habt ihr eure Präsidentin gewählt?“

„Natürlich. Und mit ihr gleich das Parlament.“

„Das Parlament?“

„Ihr wisst aber auch gar nichts. Im Parlament sind diejenigen Wichtel, die mit der Präsidentin gemeinsam regieren. Es wird gewählt. Wie die Präsidentin. Oder der Präsident.“

„Wie weißt du denn, wen du wählen musst? Du kannst doch nicht Gedanken lesen!“

„Gedanken lesen? Du meine Güte! Natürlich kann ich nicht Gedanken lesen, wozu auch? Die Regierung wird für zwei Jahre gewählt. Wenn sie nichts taugt, wählen wir eine andere!“

„Ist es schon vorgekommen, dass eine Regierung nichts getaugt hat?“

„Hmmmmm, ich kann mich nicht daran erinnern. Vielleicht früher, vor meiner Zeit.“

„Und die jetzige Regierung? Und Präsidentin Teri? Taugen die etwas?“

„Die sind einmalig!“

„Pottig!“

„Pottig?“

„Pottig! Das heißt so viel wie einmalig.“

„Pottig! Rota! Reck- und Strecktanz! Wo ihr jungen Leute nur diese unmöglichen Wörter herhabt!“ Grano schüttelt missbilligend seinen Kopf. Salvit und Puck blinzeln einander zu.

„Wo verbringt ihr den Winter?“

„In unseren Wohnungen, wo sonst, die sind warm und gemütlich. Sie sind auch durch unterirdische Gänge miteinander verbunden."

„Alle?"

„Alle! Es gibt keine Wohnung, die nicht unterirdisch erreichbar ist. Stellt euch vor, es wird jemand krank. Oder es gibt ein Unglück! Für Wichtel, die alleine leben, kann der Winter sehr lang sein, viel zu lang!"

Puck und Salvit können sich das nicht vorstellen. Wochenlang allein, ohne Familie, ohne Freundinnen und Freunde. Nicht auszudenken! „Armer Grano", denken sie und beschließen, nicht mehr hinzuhören, wenn er grantig ist und missmutig.

„Ihr erzeugt Geräte und Gefäße und tauscht sie gegen Vorräte ein?"

„Nicht nur, vieles sammeln, ernten und verarbeiten wir selbst. Wie zum Beispiel Pilze und Wurzeln, aber auch Gemüse und Kräuter."

„Können wir beim Töpfern mithelfen?"

„Wenn ihr wollt, gerne. Ich begleite euch morgen und werde es euch zeigen."

Puck und Salvit wollen noch vieles wissen, doch Grano ist müde. Er will sich ausruhen. Auf einem Mäusefell.

Die beiden Wichtel gehen leise hinaus. Sie schlendern ziellos umher und treffen auf einige Erdbilben, die gemütlich auf einer Baumwurzel sitzen.

„Guten Abend", sagen Puck und Salvit höflich. „Dürfen wir uns zu euch setzen?"

„Klar! Kommt, setzt euch hin!" Die Wichtel rücken zusammen, um Platz zu machen.

Puck ist erstaunt darüber, dass die Erdbilben zwar genauso aussehen, wie alle sagen, aber nicht genauso sind. Überall heißt es, Erdbilben sind hochnäsig, humorlos und geizig. Obwohl in der Wichtelnacht alle Völker zusammenkommen, hat sich noch nie jemand die Mühe gemacht, die Erdbilben näher kennenzulernen. Die Erdbilben wiederum haben nie versucht, ein anderes Gesicht zu machen als ein abweisendes und hochnäsiges, zumindest in der Wichtelnacht.

Puck aber hat noch kein einziges hochnäsiges, humorloses oder geiziges Erdbilbenwichtel gesehen. Sie ist immerhin schon einige Tage in ihrem Land.

Vielleicht sind wirklich manche unter ihnen, die genauso sind, wie es allgemein heißt. Aber gibt es nicht auch Tillenwichtel, die geizig, humorlos oder hochnäsig sind – oder gar alles zusammen?

Puck schüttelt den Kopf. Es ist wirklich schwierig, die Welt zu begreifen!

Bis in den späten Abend sitzen Puck und Salvit bei den Erdbilben. Sie stellen viele Fragen und erhalten viele Antworten. Vor dem Einschlafen unterhalten sie sich noch lange über die Erdbilben und ihre Art zu leben.

„Niemand kann sagen, ob ein Volk glücklicher lebt als ein anderes", bemerkt Salvit.

„Oder klüger oder freundlicher ist", murmelt Puck.

Endlich schlafen sie ein.

Grano bekommt einen Lachanfall

„Ihr müsst die Scheibe drehen und die Masse mit den Händen formen“, erklärt Grano.

Puck und Salvit bemühen sich, ein Gefäß zustande zu bringen, das auch wie ein solches aussieht. Die beiden Wichtel befinden sich in einer Töpferwerkstatt. Sie sind eifrig dabei, die Kunst des Töpferns zu erlernen. Salvit hat schon eine Schale geformt und ist sehr stolz darauf.

Puck blickt nachdenklich auf die Tonmasse in ihren Händen. „Warum eigentlich nicht?“, murmelt sie und beginnt geschickt, einen Kopf zu formen.

Fast von selbst nimmt der Kopf die Züge Granos an. Puck ist so vertieft in ihre Arbeit, dass sie das Erdbilbenwichtel erst sieht, als es mit entgeistertem Gesicht auf sein Ebenbild in Ton starrt.

„Puck! Soll das am Ende ich sein? Ist das der Dank für meine Gastfreundschaft? Anstatt eines Kruges formst du meinen Kopf!“ Grano ist so empört, dass er nach Luft schnappt. Er bringt kein einziges Wort mehr heraus.

Einige Erdbilbenwichtel umringen Puck. Sie bestaunen ihr Werk. „Er sieht genauso aus wie Grano!“, „Wie bist du denn auf diese Idee gekommen?“, „Gar nicht dumm, aus Ton Köpfe zu formen!“, „Oder Figuren!“

Die Wichtel wissen nicht, ob sie Puck bewundern oder beschimpfen sollen. Sie schauen hilflos von Grano zu Puck und ihrem Tonkopf.

Puck nähert sich nun vorsichtig dem erzürnten Grano. „Verzeih bitte“, sagt sie zerknirscht. „Ich wollte dir doch nur eine Freude machen.“

„Mit meinem Kopf? Aus Ton?“, schnappt Grano und verzieht sein Gesicht. Doch was ist das? Die erstaunten Wichtel sehen etwas, was sie noch nie gesehen haben: einen lachenden Grano.

Grano lacht und lacht. Die Tränen kollern über seine Wangen. Es scheint, als wolle das eingesperrte Lachen von vielen Jahren auf einmal aus ihm herausbrechen.

Und alle lachen mit. Sie lachen so laut, dass von allen Seiten Wichtel herbeilaufen, um zu sehen, was es da zu lachen gibt. Dann lachen auch sie. Und es kommen immer mehr.

So geschieht es, dass die Erdbilben lachen und lachen und nicht bemerken, dass der Himmel immer dunkler wird. Die ersten Schneeflocken fallen vom Himmel. Es wird Winter.

Amona findet ihren Namen wieder

Die Reise ins Winterquartier ist lang und kalt

„Brrr!“ Zähneklappernd sitzen Puck und Salvit auf Laridas Rücken.

„Danke für die Decken, Grano!“, murmelt Puck.

Salvit flüstert: „Erfrieren würden wir ohne sie!“ Beide ziehen Granos nützliches Abschiedsgeschenk fest um ihre Schultern.

Vom Land der Erdbilben bis zum Winterquartier ist es eine lange Reise, für Puck und Salvit auch eine ungewohnte. Wichtel reisen niemals in dieser Jahreszeit, es wäre viel zu gefährlich! Die beiden Freundinnen wären auch schon längst in Sicherheit, hätten sie rechtzeitig an den Winter gedacht. Das haben sie aber nicht. Außerdem, wie konnten sie damit rechnen, dass es nicht mehr aufhören würde, zu schneien?

Natürlich hätten sie bei den Erdbilben bleiben können. Grano wäre über ihre Gesellschaft sehr glücklich gewesen, das hat er jedenfalls mehrmals gesagt. Was aber hätten ihre Familien gedacht? Und ihre Freunde und Freundinnen? Die wären bestimmt vor Sorge krank geworden! Am Ende wären alle möglichen Vögel ausgeschwärmt, um sie zu suchen! Und ein Winter ohne Freunde und Freundinnen? Nicht auszudenken!

Solche und ähnliche Gedanken gehen Puck und Salvit durch den Kopf, während sie sich an Laridas Federn festhalten. Mit klammen Händen ist das gar nicht so einfach! Jetzt fällt zwar kein Schnee mehr, dafür ist es aber bitterkalt.

Die Möwe fliegt schnell dahin. Die beiden Wichtel versuchen, die seltsame Welt unter sich zu erkennen. Das lenkt von unnötigen Gedanken ab. Und vom Klappern der Zähne.

„Flieg langsamer, Larida, bitte!“, ruft Puck plötzlich und zieht aufgeregt am Gefieder der weißen Möwe. Puck hat tatsächlich vergessen, dass sie friert.

Salvit jubelt: „Oh, sieh doch, Puck, sieh doch, Larida!“ Auch ihr ist jetzt wärmer.

Der Flug der Möwe wird langsamer. Die beiden Wichtel sind ganz still. Und staunen. So etwas Schönes haben sie noch nie gesehen. Unter ihnen glitzert und glänzt es. Auf einer spiegelglatten Fläche tanzen unzählige Lichter. Sträucher und Bäume haben sich in zarte, weiße Gebilde verwandelt.

„Das ist das Reich der Seebilben. Da unten liegt ihr Teich“, erklärt Larida unbeeindruckt. Für eine Möwe sind ein zugefrorener Teich und verschneite Bäume kein besonderer Anblick, immerhin verbringt sie Winter für Winter in dieser Gegend.

Von der Begeisterung der beiden Wichtel angesteckt, schaut sie nun doch etwas genauer. „Es ist wirklich schön“, bemerkt sie erstaunt. Sie hat das Gefühl, diese weiße, glitzernde Landschaft zum ersten Mal zu sehen.

Larida fliegt nun wieder schneller. Die Reise muss weitergehen, und zwar schnell. Für diese zarten Geschöpfe ist die Luft einfach zu kalt, trotz Granos warmer Decke!

Endlich ist das Winterquartier erreicht. Die Wichtel klettern steif vom Rücken der Möwe. Sie zittern immer noch vor Kälte.

„Puck, Salvit!“ Von allen Seiten strömen Wichtel herbei. Sie wollen wissen, warum die beiden erst jetzt erscheinen.

Puck und Salvit beginnen, zu erzählen. Das heißt, nicht sofort. Mit klappernden Zähnen ist das Sprechen etwas schwierig. Doch dann ist kein Halten mehr.

Sie erzählen von der Erdbeerernte bei den Tillen. Vom Krieg, der einst Waldenland zerstörte. Von den Moorgeistern im Legolitreich. Und von Timpanos Rota und seinen wunderbaren Musikinstrumenten. Sie erzählen vom Gewittersturm bei den Seebilben. Von der schönen Wassernixe. Von den gemütlichen Wohnungen der Erdbilben. Und von Granos Kopf. Schließlich erzählen sie vom Fest der Farnbilben. Und von Hiro vom Volk der Hirundinidae. Seinen Namen können sie immer noch nicht richtig aussprechen.

Die Wichtel lauschen atemlos. Und ein wenig neidisch. So tolle Sachen würden sie auch gern erleben.

„Nächstes Jahr reise ich durch Waldenland, bestimmt!“, nehmen sich einige vor. Vielleicht tun sie es sogar.

Dann schlafen sie ein. Zuerst Puck. Dann Salvit. Schließlich schlafen alle. Sie träumen von weiten, aufregenden Reisen und spannenden Abenteuern. Jedenfalls die meisten.

Im Winterquartier ist viel los

Die Zeit im Winterquartier vergeht schnell. Vor allem mit Lernen. Das tun alle Wichtel gern. Nicht nur die jungen. Im Sommer gibt es keinen Schulunterricht, jedenfalls keinen gewöhnlichen. Wer will schon dasitzen und lernen, wenn die Wiesen duften und die Vögel singen? Wenn die Sonnenstrahlen tanzen und das Land verzaubern? Natürlich müssen die Wichtel auch im Sommer lernen. Wie sonst könnten sie die richtigen Kräuter erkennen, essbare Pilze von giftigen unterscheiden? Wie sonst würden sie wissen, wie Früchte geerntet und verarbeitet, wie Pflanzen getrocknet, Kleider und Decken gewebt werden? Worauf sie besonders achten müssen?

Das alles lernen die Wichtel im Winter. Und im Sommer können sie es dann tun. Was nützt es schon, etwas zu lernen, was dann nicht ausprobiert und geübt werden kann? Wer lernt schon gerne etwas, was dann schnell wieder vergessen wird? Die Wichtel jedenfalls nicht!

Natürlich lernen sie auch lesen und schreiben. Wie sonst könnten sie im Sommer Bücher lesen, gemütlich schaukelnd auf einem Blumenstängel? Die Wichtel lernen auch rechnen und singen. Und zeichnen und malen. Und musizieren. Am Ende des Winters können viele Wichtel ein Instrument spielen, manche sogar eines bauen. Sie spielen auch Theaterstücke, die sie oft selbst erfinden. Wenn sie Lust dazu haben, tanzen sie. Lust dazu haben sie oft.

Dann ist da noch das Wichtelgesetz.

Was nützt es schon, wenn ein Wichtel nur den Wortlaut kennt, diesen aber nicht versteht? Im Winterquartier ist die richtige Zeit, das zu ändern. Alle Wichtel sind eifrig dabei. Ausgenommen die Baumbilben. Bis jetzt. Wenn dann der Frühling kommt, tun alle anderen Wichtel selten etwas, dessen sie sich schämen müssten.

Puck sitzt neben Bibbo, dem Außenseiter, der kein Außenseiter mehr ist. Viele Baumbilben haben über Animas Worte nachgedacht. Sie haben beschlossen, von nun an freundlich zu Bibbo zu sein. Sie wollen versuchen, ihn zu mögen. Das ist natürlich nicht so einfach, bei allem, was passiert ist. Aber sie bemühen sich. Und es gelingt immer besser.

Auch Bibbo hat nachgedacht. Viele Tage und Nächte. Manchmal hat er geredet. Mit Titona, der weisen Eule und Suri, dem Eichhörnchen. Er hat langsam begriffen, dass auch er etwas tun muss, um anerkannt zu werden. Und geliebt. Er hat vorsichtig probiert, freundlich zu sein und war erstaunt, dass diese Freundlichkeit tatsächlich erwidert wird! Das hat ihm geholfen, weiter freundlich zu sein. Er hat auch versucht, böse Bemerkungen einfach nicht zu hören. Wieder war er erstaunt. Viele böse Worte sind gar nicht so böse, wie er geglaubt hat!

Jetzt geht es ihm schon viel besser.

Natürlich ist das nicht von heute auf morgen gegangen. Nicht bei Bibbo und nicht bei den Baumbilben, bemüht aber haben sich alle.

Puck haben seine feuerroten Haare von Anfang an gefallen. Sie hätte sie gerne auf ihrem eigenen Kopf. „Deine Haare leuchten wie die Sonne an einem Sommerabend“, sagt sie jetzt bewundernd zu Bibbo.

Dieser erstarrt. Will Puck ihn am Ende verletzen? Sicherlich nicht. Er beschließt, dass Puck ihre Worte ehrlich meint. Es gelingt ihm ein Lächeln. „Darauf wäre ich nie gekommen. Ich habe meine Haare noch nie mit der Sonne verglichen“, antwortet er vorsichtig.

„Solltest du aber. Du hast eine richtige Sommerabend-leuchtsonnenhaarfarbe“, sagt sie grinsend, „ehrlich!“

Bibbo beschließt, sofort in einen Wasserspiegel zu schauen. Dass jemand seine Haare bewundert, ist neu. Und wunderbar. Bibbo ist glücklich.

Gibt es Unordiamusik wirklich?

Puck schlendert zur Musikhalle. Es ist bereits alles für das nächste Konzert vorbereitet. Neben dem Dirigentenpult steht Timpanos Clavizither. Dahinter sind einige Notenpulte und Musikinstrumente aufgereiht. Die Notenblätter sind aufgeschlagen.

Puck bleibt stehen. Sie betrachtet interessiert ein Notenblatt, genau genommen, die Notenschrift. Ihre Augen blitzen. „Was passiert, wenn ich jetzt Noten und Notenwerte verändere?“ Puck kichert. Das müsste ein Heidenspaß sein. Das Orchester würde seinen Ohren kaum trauen, wenn es anstatt einer halben Note eine ganze spielen würde und anstatt eines D ein Dis oder Des. Und erst das Publikum! Ob sich die Wichtel die Ohren zuhalten würden?

Nur, was würde Arpas dazu sagen? „Wahrscheinlich fällt er in Ohnmacht. Vielleicht verjagt er sogar die Musiker und Musikerinnen!“, seufzt Puck bedauernd.

„Wer fällt in Ohnmacht oder verjagt Musiker und Musikerinnen?“

Puck dreht sich erschrocken um. Sie schaut geradewegs in Arpas’ Gesicht. Arpas ist ein berühmter Komponist und Dirigent.

Puck stottert. „Oh“, sagt sie, „ni-ni-niemand. I-ich h-habe n-n-nur l-laut ged-ged-dacht.“ Puck ist tief errötet.

„So, so“, entgegnet Arpas. „Du hast nur laut gedacht. Was denn? Heckst du wieder einen Streich aus? Komm schon, erzähl! Vielleicht ist der Streich ja lustig. Die Wichtel sind sehr besorgt, weil die Nahrung knapp wird. Leider ist noch kein Ende des Winters in Sicht. Ein Streich, über den alle lachen und diskutieren könnten, wäre jetzt das Richtige!“

Puck zögert. Arpas hat recht, die Stimmung ist sehr gedrückt. Es ist höchste Zeit, dass wieder gelacht wird! Puck berichtet von ihrem Einfall. Arpas ist begeistert! Kein Wunder, er ist schließlich ein Tillenwichtel. Außerdem liegen die Originalnoten wohl verwahrt in seiner Nussschalentruhe.

Lachend und kichernd versehen die beiden nun Blatt für Blatt mit Kreuzen und Bs, verlängern oder verkürzen Pausen und verwandeln ganze in halbe, Viertel- in Achtelnoten und umgekehrt. Arpas wunderbare Clavizither-Sonate ist nicht mehr wiederzuerkennen!

Langsam füllt sich die Halle mit Wichteln aus allen Völkern. Musiker und Musikerinnen besteigen das Podest. Dann nehmen sie ihre Instrumente zur Hand und rücken die Notenblätter zurecht. Nun betritt Arpas, elegant mit einem langen Rock aus feinsten Kaninchenhaaren bekleidet, das Dirigentenpult. Er hebt den Stab und gibt den Einsatz. Die ersten Töne erklingen.

Natürlich wurde das Orchester von Arpas informiert. Andernfalls wäre das Konzert ziemlich schnell zu Ende gewesen. So sitzen oder stehen Musiker und Musikerinnen da, streichen hingebungsvoll über die Saiten ihrer Violinen, Celli und Kontrabässe, bearbeiten konzentriert das Schlagzeug und blasen versunken in Hörner und Flöten. Timpano, der höchstpersönlich die Clavizither spielt, bemüht sich, nicht daneben zu greifen. Das wäre aber sowieso niemandem aufgefallen.

Arpas bewegt schwungvoll seinen Stock hin und her, auf und ab und zeichnet allerlei Figuren. Er dirigiert. Was, weiß er selbst nicht so genau. Dass es nicht seine Clavizither-Sonate ist, weiß er allerdings genau.

Das Publikum sitzt da. Es lauscht. Es überlegt. Welche Musikrichtung ist das eigentlich? Müssten sie das wissen?

„Bravo!“, ruft Sapis, ein Wichtel, das überzeugt ist, das klügste, kunstverständigste und modernste Wichtel ganz Waldenlands zu sein. „Ist das nicht ein Stück aus der neuen Musikrichtung? Wie heißt sie doch gleich ...“

„Genau“, erwidert Arpas ernsthaft. Alle warten, dass er den Satz vollendet.

„Unordia“, ergänzt Puck.

„Ja, das ist es!“ Sapis erklärt nun ganz genau, was Unordiamusik bedeutet. Und woher sie kommt. Und wer sie erfunden hat. Und warum. Mit Puck haben seine klugen Erklärungen allerdings nichts zu tun. Auch nicht mit Arpas.

Kaum hat Sapis geendet, entbrennt eine heftige Diskussion. Einigen Wichteln hat die Musik gefallen und sie erklären genau, warum. Andere wiederum haben ihr nichts abgewinnen können. Auch sie erklären genau, warum. Wieder andere hören einmal hier- und einmal dorthin. Am Ende wissen sie nicht mehr, ob ihnen die Musik gefallen hat oder nicht. So nicken sie einmal hier- und einmal dorthin.

Arpas und Timpano blicken mit ernsten Mienen ins Publikum. Einander ansehen dürfen sie allerdings nicht, mit ihren ernsten Mienen wäre es dann schnell vorbei!

Plötzlich, in die laute und hitzige Debatte hinein, ertönt eine Stimme: „Unordia passt genau. Die Musik klingt, als hätte jemand einfach Vorzeichen und Notenwerte verändert!“

In der Halle wird es still. Einige Wichtel schauen verunsichert zu den Musikern und Musikerinnen, die grinsend auf dem Podium sitzen.

„Ihr habt uns einen Streich gespielt!“, ruft eine Stimme.

„Gespielt, du sagst es!“, antwortet Arpas mit vor Lachen erstickter Stimme.

Jetzt lachen alle. Sogar Sapis lacht. Nicht besonders

herzlich, dafür aber laut. Im Stillen nimmt er sich vor, in Zukunft lieber den Mund zu halten. Vor allem dann, wenn er von nichts eine Ahnung hat.

Die Wichtel sitzen noch lange beisammen und reden über den musikalischen Streich. Arpas beschließt, hin und wieder ein Unordia-Stück zu komponieren. Wer weiß, vielleicht kreiert er einen neuen Musikstil?

Viele Wichtel müssen umdenken

In diesem Jahr will der Winter einfach kein Ende nehmen. Immer wieder schneit es. Und es ist kalt, sehr kalt. Die Lebensmittel werden immer knapper, bald gibt es gar keine mehr.

Die Wichtel sitzen in der großen Halle und diskutieren. Viele haben Angst. Einige weinen. Alle sind bedrückt. Die Farnbilben aber sind verzweifelt. Sie wissen, dass ihre Gedankenlosigkeit die Hauptursache für die drohende Hungersnot ist. Sie sind von Reue geplagt. Sie schämen sich.

Doch niemand sagt zu ihnen: „Ihr seid schuld!“, oder: „Hättet ihr gesammelt, statt zu feiern, dann müssten wir jetzt nicht hungern!“ Alle wissen, dass in dieser Lage Jammern und Schuldzuweisungen gar nichts helfen. Jetzt muss nachgedacht und eine Lösung gesucht und hoffentlich auch gefunden werden. Besonders die Farnbilben strengen sich an, einen Weg aus dieser Situation zu finden. Schließlich haben sie diese ja verursacht.

„Könnten wir nicht die Erdbilben um Hilfe bitten?“, fragt Selag, die Farnmeisterin.

„Die Erdbilben? Du glaubst doch nicht im Ernst, dass die uns helfen, eingebildet und geizig, wie die sind!“, kommt es von allen Seiten.

„Das sind sie nicht!“ Puck und Salvit springen empört auf. „Wir haben einige Wochen mit ihnen gelebt. Sie waren sehr gastfreundlich. Sie sind nicht geiziger als wir. Eingebildet sind sie auch nicht!“, sagt Puck heftig und Salvit ergänzt zornig: „Natürlich werden sie uns helfen!“

Die Wichtel sind noch immer skeptisch. Sollten sie sich

all die Zeit geirrt haben? Außerdem: „Wie können sie uns denn helfen? Sie wissen ja nichts von unserer Lage!“

Das allerdings stimmt.

Waldenland ist verschneit. Es ist kalt und das Erdbilbenreich weit entfernt. Ein kleines Wichtel könnte diesen Weg niemals zurücklegen, zumindest nicht ohne gefiederte Hilfe.

„Ich werde fliegen“, sagt Salvit ein wenig zögernd. „Es ist überhaupt nicht gefährlich. Ich werde sehr bald eine Möwe sehen und sie um Hilfe bitten. Bis dahin halte ich die Kälte leicht aus.“ Richtig überzeugt ist Salvit von diesem Vorschlag allerdings nicht, sie ist nur sehr verzweifelt.

„Das meinst du doch nicht im Ernst?“, erklingt es vom Eingang. „Außerdem ist es nicht notwendig!“ Die Wichtel wenden erstaunt die Köpfe.

„Larida! Wie gut, dass du da bist!“ Die Wichtel sind erleichtert. Vielleicht verhungern sie nun doch nicht!

„Titona hat mich gesandt, um euch zu beruhigen. Sie weiß, dass die Wintervorräte nicht ausreichen können. Mit der Präsidentin der Erdbilben hat sie bereits gesprochen und wartet auf genaue Informationen. Will mich jemand begleiten?“

Kaum hat Larida ausgesprochen, sind schon Salvit, Selag, Puck und Bibbo auf ihrem Rücken. Fest in warme Decken gehüllt, tief im Gefieder der Möwe versteckt, fliegen sie zu den Erdbilben.

Die Wichtel im Winterquartier sind erleichtert. Jetzt merken sie erst, wie müde sie sind. Und wie hungrig. Sie kommen gar nicht mehr dazu, darüber nachzudenken, ob die Erdbilben geizig sind oder nicht. Sie schlafen einfach ein und träumen von riesigen Bergen köstlichen Essens.

Larida fliegt schneller, als sie je geflogen ist. Diesmal achtet niemand auf die verschneite Landschaft. Nach weniger als einer Stunde haben Möwe und Wichtel ihr Ziel erreicht und berichten aufgeregt von der bedrohlichen Lage im Winterquartier.

Präsidentin Teri und Titona hören erschrocken zu. Dass alle Wintervorräte bereits aufgebraucht sind, damit hat die Eule nun doch nicht gerechnet. Gut, dass Teri sofort bereit ist, Nahrungsmittel zur Verfügung zu stellen.

In kurzer Zeit hat sie das Parlament zusammengerufen, um die Sammelaktion zu organisieren. Doch nicht alle Regierungsmitglieder sind ihrer Meinung.

„Warum habt ihr denn diese faulen Farnbilben mitgefüttert?“, fragt ein Minister herausfordernd.

„Hätten wir sie verhungern lassen sollen?“, fragen die Wichtel empört.

Der Minister schluckt. „Entschuldige, du hast recht“, erklärt er kleinlaut und spendet gleich seine halbe Vorratskammer. Jedenfalls ein Viertel davon. Zumindest aber einen kleinen Teil.

Die Erdbilben benötigen nur wenige Stunden, um genügend Lebensmittel zu sammeln. Aus fast allen Wohnungen schleppen sie Nüsse, Wurzeln und Pilze, Honig, getrocknetes Gemüse und Kräuter. Larida und ihre hilfreichen Verwandten kommen kaum nach, diese Kostbarkeiten ins Winterquartier zu fliegen.

„Das alles haben die Erdbilben gespendet?“, fragen die Wichtel ungläubig. „Und wir haben sie für geizig gehalten!“ Viele Wichtel schämen sich in diesen Tagen. Sie nehmen sich vor, nie wieder ein Wichtel zu verurteilen, das sie eigentlich gar nicht kennen.

Am Ende sind alle zufrieden

Titona beschließt, eine außerordentliche Wichtelnacht einzuberufen. Sie ersucht die Erdbilben, daran teilzunehmen.

„Wie soll mein Volk in das Winterquartier gelangen?“, fragt Teri. Sie hofft, dass dieses Problem nicht gelöst werden kann. Sie möchte lieber daheimbleiben.

„Es gibt genügend Möwen und Tauben in Waldenland. Die fliegen euch gerne hin.“

„Können wir denn eine Wichtelnacht ohne Hirundo abhalten? Die Rauchschwalben sind alle im Süden!“, gibt Präsidentin Teri zu bedenken.

„Wir können“, antwortet Titona bedauernd.

„Und Suri?“ Teri gibt nicht auf. „Schlafen Eichhörnchen nicht während des Winters?“ Ein hoffnungsvoller Einwand.

„Du weißt, dass sie sich nur ausruhen. Ich kann ihn auf jeden Fall informieren.“ Titona bemüht sich, nicht zu lachen.

„Ich gebe mich geschlagen“, seufzt die Präsidentin. „Was soll’s! Dann werde ich eben von meiner warmen, gemütlichen Wurzelwohnung träumen, während ich mir in einer zugigen Höhle eine Erkältung hole!“, murmelt sie ergeben. Doch bald freut sie sich auf die Abwechslung, sie versucht es jedenfalls.

Und so werden die Erdbilben, fest in warme Decken gehüllt, die Mützen tief in die Stirn gezogen, zum Winterquartier geflogen.

Dort angekommen laufen sie aufgeregt und erwartungsvoll durch die große Halle und bleiben staunend stehen.

So haben sie sich diesen Ort nicht vorgestellt. „Da ist es ja richtig gemütlich“, sagen sie.

„Eine pottige Riesenrota!“, flüstert Grano grinsend und schaut verstohlen um sich. Hoffentlich hat ihn niemand gehört.

Die Wichtel der anderen Völker staunen auch. „Das sind ja Erdbilben, cool!“, rufen sie.

Es dauert aber gar nicht lange, bis alle gemütlich beisammensitzen und miteinander sprechen. Oder diskutieren.

„Weißt du, warum es eine außerordentliche Wichtelnacht gibt?“, fragen sie einander. Antwort erwarten sie keine, die meisten Wichtel haben schon selbst einen Grund für dieses Ereignis gefunden. Oder sich ausgedacht.

„Sicherlich werden die Farnbilben bestraft“, vermutet ein Tillenwichtel.

Ein Farnbilbenwichtel meint: „Die Baumbilben müssen bestimmt ihre kleinen Gesetze abschaffen!“

„Vielleicht will Puck wieder Amona heißen?“, mutmaßt ein Legolitwichtel.

„Titona tritt sicherlich zurück!“, prophezeit düster ein Baumbilbenwichtel.

Schon unterhalten sie sich, wer wohl ihr Nachfolger oder ihre Nachfolgerin sein wird.

Auch der Rat der Weisen diskutiert, allerdings nicht sehr lange. Er hat sich schnell darüber geeinigt, welche Entscheidungen getroffen werden müssen. Er trifft sie. Einstimmig.

„Tuwitt, tuwitt, tuwiiitt!“, ertönt Titonas Stimme.

In der großen Halle wird es still.

„Wir, die Mitglieder des Rates der Weisen, heißen euch alle herzlich willkommen. Wir freuen uns ganz besonders, dass sich die Erdbilben tatsächlich hierher gewagt haben. Natürlich wäre das ohne die Hilfe unserer Möwen und Tauben gar nicht möglich gewesen. Dafür sind wir alle sehr dankbar. Besonders froh aber sind wir über die Großzügigkeit des Erdbilbenvolkes."

Jetzt springen alle Wichtel auf. Sie klatschen und jubeln und jubeln und klatschen, die Begeisterung will kein Ende nehmen.

„Tuwitt!", schreit die Eule. Umsonst, niemand hört sie.

„Danke, ihr seid super!", schreien viele Wichtel. „Ihr seid pottig, einfach pottig!" Das kommt von den Farnbilben. „Ihr seid die besten Wichtelvölkerretterhungersnotbeenderundbeenderinnen!" Puck hat wieder eine Wortidee, eine besonders lange.

„Tuwiiiiiiitt!" Diesmal wird Titona gehört. Der Eulenschrei war auch besonders laut und schrill.

In der großen Halle kehrt wieder Ruhe ein.

Titona berichtet nun von den Entscheidungen des Rates der Weisen, jenen Entscheidungen, mit denen auch die Betroffenen einverstanden waren. Das sind König Filis und Königin Silva.

König Filis hat auf seine Krone verzichtet. Nicht nur auf die Krone, auch auf das Amt als König. Er will beides an Selag weitergeben. Er fragt nun Selag, ob sie damit einverstanden ist. Sie ist es. Dass Farnmeister Silof von seinem Amt zurückgetreten ist, muss nicht mehr verkündet werden, das wissen alle schon. Sie wissen auch, dass Silof ein Tanzstudio eröffnen will, zusammen mit seinem König. Sobald dieser abgetreten ist.

Auch Königin Silva hat Amt und Krone abgegeben, an ihre Tochter Anima. Das Wichtelgesetz Waldenlands haben die Baumbilben bereits übernommen und sind schon fleißig dabei, es verstehen zu lernen. Und sich darin zu üben.

Titona wendet sich nun an Puck: „Was hältst du davon, dich wieder Amona rufen zu lassen? Der Rat der Weisen ist davon überzeugt, dass du mit unserem Gesetz keine Probleme mehr hast."

Puck springt erfreut auf: „Wirklich? Das ist gut. Meinen Namen habe ich ja schon gefunden. Im Wichtelgesetz. Da müsste ich allerdings Amonä heißen. Amona gefällt mir aber besser!“

Titona ist ein wenig verwirrt, wovon redet Puck eigentlich? Bevor sie etwas sagen kann, spricht Puck weiter: „Ich verspreche auch, keine Streiche mehr zu spielen!“

„Das ist kein Versprechen, das ich hören will.“ Titona hebt aufgeregt einen Flügel und vergisst, was sie Amona eigentlich fragen wollte. „Das wäre wirklich schade, besonders für ein kreatives Wichtel wie dich. Es genügt, wenn du dir vorher überlegst, was nachher passieren könnte. Nach allem, was du erlebt hast, wird dir das sicherlich gelingen!“

Puck grinst. „Hoffentlich. Eigentlich bin ich ziemlich sicher. Gut. Ich verspreche, erst dann eine Idee in die Tat umzusetzen, wenn ich über die Folgen nachgedacht habe. In Zukunft sind meine Streiche nur mehr Trübsinnbefreiungsaufmunterungsstreiche!“

Die Wichtel lachen und klatschen. Jetzt kommt König Till-o-Schreck. Er nimmt sein Wichtel in die Arme. „Ich werde am Ende verlernen, *Oh Schreck!* auszurufen“, sagt er augenzwinkernd.

Amona kichert. „Dann stimmt ja dein Name gar nicht mehr.“

„Oh Schreck!“, sagt nun der König lachend. „Daran habe ich gar nicht gedacht.“

Amona sucht mit den Augen Salvit, die sie während der langen Reise begleitet und manchmal sogar beschützt hat. Darum will sie sich auch bei ihr bedanken. Und schon ist Salvit da, einfach über die Köpfe der Wichtel geflogen. Sie hat sofort gewusst, dass Amona sie sucht, als Legolitwichtel kann Salvit ja Gedanken lesen. Jedenfalls fast.

Die beiden Freundinnen umarmen sich.

„Ich freue mich so, dass du deinen Namen jetzt wirklich

gefunden hast“, flüstert Salvit, „auch wenn der eigentlich Amonä heißen müsste, wegen des fehlenden zweiten As!“

„Du hast verstanden, was ich gesagt habe?“ Amona ist nicht besonders erstaunt.

„Habe ich, ganz schön schlau, das mit dem Ä von schämen!“, grinst Salvit.

„Ich bin froh, dass mir das eingefallen ist. Überhaupt, das Namenverstecken war wirklich eine gute Idee von mir, wahrscheinlich die beste meines Lebens. Bis jetzt, jedenfalls. Kaum habe ich Puck gehört, ist mir Amonä eingefallen und damit schämen. Das hat mir beim Denken geholfen. Auf einmal habe ich unser Gesetz kapiert. Genial, nicht?“

„Pottig, Amonä“, grinst Salvit, „einfach pottig!“

Die beiden Wichtel schauen einander an und lachen.

Die Autorin

Inge Peter wurde 1937 in Meran geboren und lebt seit 1942 in Salzburg. Sie hat drei Töchter und sieben Enkelkinder. Vor ihrer Pensionierung arbeitete sie in der Bank- und Versicherungsbranche, danach machte sie ein Pädagogikstudium.

Neben ihrem „Brotberuf" war ihr aber die Arbeit mit Kindern, Jugendlichen und jungen Erwachsenen bei den Pfadfinderinnen und Pfadfindern immer sehr wichtig. So war sie bei den Pfadfindern und Pfadfinderinnen Österreichs zuerst viele Jahre als Jugendleiterin in der Kinderstufe tätig und wurde später zur Ausbilderin für Leiterinnen und Leiter. Dabei gestaltete sie auch mehrere Arbeitsbehelfe für die Kinderstufen der PPÖ mit.

Die Geschichte von Puck in Waldenland schrieb Inge Peter eigens als Rahmengeschichte für die Arbeit mit „Wichteln", aber auch „Wölflingen", also der Kinderstufe. Das Buchprojekt wird von den Pfadfindern und Pfadfinderinnen Österreichs unterstützt.

Papierfresserchens MTM-Verlag
Die Bücher mit dem Drachen

Kim Kirschey-Jacobs
Frida und das Wolkenkuckucksheim
Hardcover
ISBN: 978-3-86196-080-5, 13,90 Euro

Frida ist wütend. Seitdem sie ein Schulkind ist, hat sie das Gefühl, dass die Erwachsenen um sie herum ziemlich merkwürdig geworden sind.

„Hör auf zu träumen!", hört Frida jetzt immer häufiger. Und wenn sie malt - schließlich möchte sie Malerin werden! - sind den Erwachsenen auf einmal ihre Wolken zu gelb, das Wasser zu pink, der Regenbogen zu schwarz, die Sonne zu grün oder die Blätter an den Bäumen zu blau.

Nach einem heftigen Streit mit Mama beschließt Frida, all ihre Mal-Utensilien der großen Mülltonne im Hof zu überlassen und damit symbolisch ihren heimlichen Traum, Malerin zu werden, aufzugeben. Doch dann erinnert sie sich zum Glück an das Geheimnis, das Oma ihr verraten hat ...

Jana Veit
Katzenfreundschaften:
Die Lebensgeschichte eines jungen Katers
Taschenbuch
ISBN: 978-3-86196-081-2, 8,20 Euro

Hallo! Ich bin Benni, ein junger Kater. Vor Kurzem lebte ich noch glücklich in meiner kleinen Familie und hatte viel Spaß mit meinem besten Freund Rolli. Vor Kurzem. Jetzt bin ich zusammen mit zwei durchgedrehten, rappenden Wellensittichen im Haus eines fremden Mannes eingesperrt und habe nicht die leiseste Ahnung, wie ich die anderen wiederfinden könnte. Wie soll ich mich hier bloß so ganz allein eingewöhnen? Und warum geschehen hier aller Pfote merkwürdige Dinge?

Claudia Lietha
Snip und die Suche nach den magischen Schlüsseln
Taschenbuch
ISBN: 978-3-86196-082-9, 11,50 Euro

Felina Engel traut ihren Augen kaum, als während eines heftigen Sommergewitters am Himmel von Brockheim plötzlich eine rote Leiter erscheint und kurze Zeit darauf ein seltsam aussehender Junge namens Snip vor ihr steht. Dieser behauptet, 330 Jahre alt zu sein, aus Melasien zu stammen und von der Erde aus eine geheime Mission durchführen zu müssen: Er soll nämlich die magischen Schlüssel wiederbeschaffen, die sein Ururgroßvater Melony Snip vor sehr langer Zeit an vier geheimen Orten im Universum versteckt hat.

Zusammen mit Snip, ihren Freunden Lena Blümle und Lian Klein sowie dem Kater Merlot begibt sich Felina Engel auf eine abenteuerlich-fantastische Reise, die sie nicht nur auf Engels Dachboden, sondern auch ins ferne Weltall führt ...

Marie Luise Meier
Die Tierinsel
Taschenbuch
ISBN: 978-3-86196-108-6, 8,90 Euro

Auf der Tierinsel ist zurzeit viel los. Alle bereiten fleißig das bevorstehende Früchtefest vor. Als die Tiere beim Lagerfeuer sitzen, merkt die Drachin Natascha, dass ein Fremder unter ihnen ist ...

Aber dieses ist nur eins von vielen Abenteuern.

Papierfresserchens MTM-Verlag
Heimholzer Straße 2, D-88138 Sigmarszell
www.papierfresserchen.de
info@papierfresserchen.de